实用心理指南

儿童心理学
实用指南

何谓儿童？

Introducing

[英]凯伦·卡伦 著　　蔡天颖 译

Child
Psychology
Understand Your Kids and Enjoy Parenting

上海教育出版社

作者简介

凯伦·卡伦（Kairen Cullen）毕业于英国伦敦大学教育学院，注册教育心理学家。拥有三十多年的临床实践经验和教育系统工作经验，为学校和社区提供教育、健康、运动和媒体相关的心理学服务。曾于 2002 年担任英国心理学会教育和儿童心理学分会主席，并通过媒体和咨询工作为学会作出贡献。为诸多教育和心理学报刊撰写文章，其中包括《泰晤士教育副刊》(*Times Educational Supplement*)、《5—7 岁》杂志(*5 to 7*)、《育儿》杂志(*Childcare*)等。

作者声明

本书引用了大量研究成果。凡是有来源的都进行了注释,如有疏忽,请多谅解。

目 录

引 言

1. 为什么要写这本书?   1
2. 何谓儿童?   4
3. 心理学是什么?   10
4. 应用心理学实践   19

认知理论

5. 皮亚杰   22
6. 维果茨基   32
7. 认知论   40
8. 信息加工理论   51
9. 神经心理学   55

精神分析理论

10. 弗洛伊德 59

11. 亲子关系理论（包括依恋理论） 68

12. 毕生发展心理学 80

13. 个人建构理论 88

行为主义

14. 巴甫洛夫的经典条件反射理论 100

15. 斯金纳的操作性条件反射理论 105

16. 社会学习理论 113

人本主义

17. 马斯洛的需要层次理论 120

18. 罗杰斯的理论 125

19. 阿德勒的理论 131

其他重要理论

20. 社会心理学   134
21. 生态系统理论   144

儿童心理学的应用

22. 评估   151
23. 治疗工作   163
24. 育儿和关怀   180
25. 总结   186

参考源   188
索　引   190

引 言

1. 为什么要写这本书?

每个人都需要更好地理解孩子,你会发现这本书的内容很有价值。

一项优先投资孩子的政策必会承认,孩子是未来的种子。孩子的发展是未来社会的基础。

——米亚·克尔默·普林格莱(Mia Kellmer-Pringle)

你也许会感到好奇:这本书会帮助我"心理学化"我的孩子吗?

答案当然是"不"。我们生活在一个充斥着心理学的时代。打开电视,连接网络,打开收音机,或者翻开报纸杂志,我保证你会很快听到、看到或者读到与心理学有关的内容。

人们多少会运用一些大众心理学的知识，不过这与一个接受了多年的教育和督导训练的心理学家的工作有点不同。心理学家希望他们的研究尽可能客观和中立。很多心理学理论认为，每个人都是自己人生的心理学家。对于这一点，我会在之后作出更详细的解释。

2　　你将会在本书中看到很多帮助你更好地理解这些思想的活动和练习。我会明确指出哪一些有趣的活动适合你和你的孩子一起尝试。研究孩子的第一要义是不能做任何损害他们心理健康的事情，因此我在这本书中对此格外警惕。出于这个原因，本书中的许多活动只能与想象中的孩子一起进行。你最容易想象的也许就是童年时的自己了！

　　这本书能够让你更好地理解孩子。人类是复杂的，孩子或许更是如此。他们一直在快速地学习、发展和变化。每个孩子的处境和背景都是特殊的，因此如果你能更好地理解孩子，你就更有可能使用有效的工具帮助孩子学习和发展。幸运的是（或者站在你的角度，不幸的是），尽管如何帮助孩子成长为一个健康快乐的大人并没有指导手册，但是很多心理学的理论和知识可以充分地帮助你。你会在日常生活中发现

3　　它们，就像儿科医生本杰明·斯伯克（Benjamin Spock）在

他关于儿童发展和教育的书中指出的："你比你以为的知道得更多。"

此外，有些孩子学习、发展或者行为上的特殊问题需要通过专业人士来解决。如果一个孩子的总体发展水平或健康水平显著地异于同龄人，那么去寻求专业的指导是非常重要的。家庭医生或者孩子的教师很合适作为寻求帮助的初始对象。即便是最有经验和知识的抚养者，有时也需要专业支持。

人类世界是复杂的，我认为最好把对孩子的发展、学习和行为的支持作为一个连贯的、日常的问题解决或解决方案生成过程。要使这个过程充满活力和乐观现实主义，除了信心，足够的精力和耐力是必不可少的。当我是四个年幼孩子的家长时，我喜欢听到这样的观点，而不是"这是能解决一切问题的灵丹妙药"。我希望这本关于儿童心理学的小书可以提供一些不一样的视角，有一些新鲜的、可行的、有用的见解，能让你用于抚养自己独一无二的孩子。

2. 何谓儿童？

研究儿童心理学的主要目的是帮助我们以最好的方式养育和照料儿童。考虑到影响儿童发展和成熟的因素众多，而且个体发育的速度存在差异，这个目的显得雄心勃勃。首先我们要定义什么是"儿童"。现在你可以试着把自己对儿童的定义写下来，然后向你今天遇到的人提出这个问题。在这天结束时，你可能会获得许多不同的答案。有些定义表明，儿童就是一个不成熟的人，这是直到现在都很盛行的观点。有人可能会认为儿童处在人类发展的早期阶段，因此有一些事情他们做不到。你也可能得到其他观点，如儿童具有一些大人所不具有的特别的天赋和优势。

我们可以单纯使用法律对儿童的定义（年龄）吗？如果这仅仅指"成年"的标准，那么全世界对儿童的定义应该是一致的。但是我们知道，以常识而言，年龄是一个不充分的定义，它忽略了个体发展速度的差异，有些不到18岁的人已经成熟、独立，能够承担责任。那么，我们是否可以从儿童具有的能力、技能和知识或者理解水平的角度来定义呢？心理学家埃里克·埃里克森（Erik Erikson）提出了解释人类毕生发展的理论（后面章节将详细阐述），提醒我们人类的性成熟是非常复杂的。

童年期的结束伴随着人与技能和工具建立联系，并且完成性成熟。

——埃里克·埃里克森，
《童年与社会》（*Childhood and Society*），1950

或许，定义童年的关键是儿童在家庭中的角色和地位，以及他们对更年长的家庭成员的依赖？在西方发达社会，未成年人通过工作来补贴家用以及照料小孩子或者老人是罕见的。事实上，他们在青少年期结束后对家长的经济依赖越来越常见。然而，并非世界上所有地方都会发生这种情况。儿童心理学承认社会、文化和环境深刻地影响着我们对儿童的定义，以及相关理论与研究的发展方向。

你怎样解读这个观点？

影响儿童性格的合适时间是在儿童出生前的一百年。

——W. R. 英奇（W. R. Inge），
《观察者》(*The Observer*)，1929年7月21日

你同意历史和社会因素会影响儿童的行为、感知和思维方式吗？

你怎样解读这个观点？

没有什么比家长们成长中的遗憾对孩子的发展环境有更加重要的影响了。

——卡尔·荣格（Carl Jung），
《帕拉塞尔苏斯》(*Paracelsus*)

从你的经验来看，家长对孩子的期待是否在儿童发展中起重要作用？

下面这个小测试用来揭示你关于童年的观点是否影响了你对孩子的教养方式。世界各地的研究发现了不同的育儿方式，下页表中第一列罗列了这些方式，请你将第一列中的育儿方式与第二列中的国家相匹配。

育儿方式	国家
1. 给予教导而不是玩耍,因为玩耍是不必要且不合适的。	A. 印度
2. 母亲与婴儿有持续的身体接触,包括睡在一起。	B. 新西兰(毛利)
3. 与婴儿的互动主要是表情和言语的沟通,而不是使用手势。	C. 日本
4. 每天给婴儿按摩。	D. 美国
5. 有节制地给婴儿挠痒痒,在膝盖上上下颠婴儿。	E. 肯尼亚
6. 母亲与孩子之间极少有面对面的互动。	F. 墨西哥
7. 母亲的诉求是让孩子安静且容易照料,因此不鼓励任何情感唤起。	G. 新几内亚岛

1—F　对墨西哥低收入母亲的研究表明，母亲专注于给予婴儿有用的指导，因为她们认为生活是严肃的，而玩耍是不严肃的。

2—C　日本人认为婴儿在出生时是独立的、不关联的个体，母亲的主要作用是使婴儿社会化，在她自己与婴儿之间建立强人际联系。日本人的从众和集体身份倾向也在这方面得到体现。

3—D　在这个例子中，成年美国人的社会沟通方式体现在母亲与婴儿的沟通中。

4—B　婴儿的出生地点对儿童发展的影响体现在毛利人每天按摩这一习俗中。

5—A　印度的家长倾向于与婴儿玩一种用双手遮盖脸的游戏，而不是全身型的游戏。这种游戏类型反映了印度早期儿童养育的目的更侧重于认知发展（感知、思考和学习），而不是身体发展。

6—G　新几内亚岛的婴儿在生命之初就被鼓励远离母亲，与其他人互动。这是必要的，因为新几内亚岛的家庭是群居的，母亲和孩子之间的关系与群体关系相比是次要的。

7—E　肯尼亚母亲在生完孩子后必须尽快回到田间劳作，

因此她们希望养育安静、随和的婴儿,以便在她们离开时其他人也可以帮忙照看。

理解家长养育孩子的不同方式以及文化与生活境遇的影响非常重要。这深深影响了儿童养育中的"先天与后天"之争:哪些因素和品质是天生的?哪些是来自孩子生长和养育的环境的?就像你可能已经发现的,很多儿童心理学的理论和研究都深深影响了这个争论,并且没有一方看起来会获胜。儿童心理学的立场是先天与后天,而不是先天或后天。这个立场影响了很多受国家资助的旨在帮助儿童健康发展的项目,如美国的"开端计划"和英国的"确保开端计划",都是旨在帮助学前儿童的政府项目。

3. 心理学是什么？

心理学：这门学科用你看不懂的语言解释你已经知道的事，并提供一些你希望自己能想到的观点。

——阿农（Anon）

心理学理解和研究人的思想与行为，儿童心理学侧重儿童及其发展。

心理学的许多理论以及相关的方法在持续发展，新的理论被誉为最佳且唯一值得运用的理论的情况并不少见。历史告诉我们要警惕，因为在心理学相对较短的发展历程中，主要的心理学理论已经提出许多此类主张。众所周知，这些"大理论"包括行为主义、精神分析、人本主义和认知主义，它们通常被应用于当今的理论框架。可以说，每当一个理论框架流行起来，就会有另一个理论框架被提出，并且可能被认为是更有用、更合适的。

在这个广泛而复杂的研究领域，没有一个理论或方法可以声称解决所有问题。每种理论都会提供更好的见解,进而产生更复杂的理论。乔治·凯利（George Kelly）（后面的章节有详细讨论）将精神分析理论与认知主义理论融为一体并创建了个人建构理论。他总结了一种有用的方法,回答了"什么是理论?"这个问题。

理论可以被认为是将众多事实捆绑在一起,以方便人们一并理解的一种方式。当某种理论使我们能够作出合理精确的预测时,我们可以称之为"科学"……我们对日常事务的预期虽然不是科学般的精确,却仍然散发着意义的光芒。理论为积极生活打下基础,使得人不仅仅是坐在一张舒适的扶手椅上,以独立的自满来思考生活的沧桑。

——乔治·凯利

从字面上看,许多父母并不会采取"坐在扶手椅上"的方式养育子女。孩子通常也不可能让它成立。就发展自己独特的育儿理论而言,大多数父母是活跃而有创造力的（我真的相信这是所有父母在做的事,尽管主要是在潜意识层面进行）。希望这本书能为日常生活中的理论建构作出贡献。在这一点上,考虑每个主要理论方法的某些方面并了解这些观点在现实中的应用将很有帮助。

行为主义

人类观	研究方法	批评
1. 所有的人类行为均通过现实世界中的经验习得（通过试错学习，成功就多做，失败就少做）。	1. 仅研究可观察、可测量的行为。	1. 将人类视为没有"内在"情感和心理的生物。
2. 学习的过程普遍适用于动物和人类，即如第一条所述。	2. 来自动物实验的发现被视为与人类直接相关。	2. 人类和动物的行为不能被视为由相似的动机驱使。
3. 心理（mental）或情感对人的行为影响不大。	3. 心理或情感过程不能被测量或控制，因而不能作为科学探究的一部分。	3. 不能因为难以衡量人类行为的某个方面就认为它是无用的。

记忆要点

纯粹的行为主义理论基于以下原则：个体如果因某种行为获得回报，就会更多地采取这种行为；如果受到惩罚，就会减少该行为的发生。这就好比鸽子在取食器放出种子时会更加用力地啄杠杆，孩子在被散热器烫到之后就不会再去触碰。

案例研究

想象你"想象中的孩子",他们第一次遇到狗的时候,狗在他们看来是一个巨大而愤怒并且会咆哮的生物。从行为主义来看,此经历让他们知道狗好斗、令人恐惧、使人不安。如果孩子与狗没有进一步更正面的接触,或者继续遇到类似的威胁性经历,就可能催生极端的焦虑甚至对狗的恐惧。行为主义取向的心理学家会尝试通过逐步的、有控制性的方式将孩子"暴露"于其他友善的、没有威胁的、令人愉悦的狗,从而减少孩子对狗的恐惧。这样,孩子将获得新的信息,从而抵消并减少过往负面经历的影响。接下来,他们就会理解只有表现出某些行为的狗才令人恐惧,并相应地去塑造自己的行为。

精神分析

人类观	研究方法	批评
1. 人类行为主要受潜意识联想和内在历程的控制。	1. 随着时间的推移,精神分析被视为个体疗法。	1. 缺乏严谨性、结构性、可复制性。
2. 婴儿期是这些联想和历程发展的时期。	2. 强调过程而不是可衡量且易描述的行为。	2. 精神分析者被认为缺乏必要的客观性。

(续表)

人类观	研究方法	批评
3. 人通过发展心理防御能力来对抗有问题的情境、事件、关系。	3. 精神分析探究的主要目标是将个人的内在生活与行为相融合,以获得幸福感。	3. 精神分析耗时长、成本高。

记忆要点

精神分析理论建议人们花大量时间(通常是坐在沙发上)向治疗师叙述自己的早期记忆、梦境和最深的恐惧,从而让自己感觉更好。

案例研究

想象你"想象中的孩子",想象他们在痛苦的状态中醒来,梦见自己被野熊咬伤了。如果孩子的年龄足够大,纯粹的精神分析方法会涉及与孩子长时间多次交谈,鼓励他们表达自己的感受,并将现实生活中的情况与经历建立联系(相对于想象中的梦境生活)。"治疗"过程中也会辅以玩耍和绘画。

人本主义

人类观	研究方法	批评
1. 人类行为在很大程度上受归属感、成就感和控制欲驱使。	1. 重点在于人们的观点以及他们对处世经验的理解。	1. 不考虑现实世界（如经济、政治）。
2. 人是复杂而独特的个体。	2. 研究者本身被视为研究的一部分,需要考虑他们的观点和信念。	2. 因缺乏客观性而难以实际应用。
3. 视人的意义建构比客观、可观察的行为更重要。	3. 每个人对世界的看法都是独特的,不能与他人进行比较或进行价值判断。	3. 这种取向很难理解大多数极端行为和心理健康问题。

记忆要点

在人本主义中,研究者是每个人独特的"世界观"的听众,他们倾听、观看并鼓掌。

案例研究

想象你"想象中的孩子",设想他们在学校的人际交往中遇到问题,感到被排斥和不受欢迎。纯粹人本主义取向的心理学家会试图找到许多肯定性的方法与孩子交谈,从而激发孩子积极的自尊。他们会聆听并以不评头论足的方式去理解孩子的故事。如果他们认为这可能有所帮助,他们会分享自己的经验。他们将努力使孩子具备与人建立友谊的技能和期待。

18 认知主义

人类观	研究方法	批评
1. 人类行为可以用信息处理的方式来理解(类似计算机的方式)。	1. 认知研究旨在了解人们的行为规则。	1. 要考虑的信息量可能是巨大的。
2. 人们根据掌握的信息有目的地采取行动。	2. 研究者提出了一套复杂的规则或想法(称为"范式"),并通过收集证据来验证范式。	2. 许多研究必须在猜测和预测的基础上进行。
3. 个体从行为选择中获得反馈,学习也是如此。	3. 所有研究都基于人类行为是合乎逻辑且有章可循的观点。	3. 研究通常只能集中于当前的可用信息。

19 记忆要点

认知主义的理论涉及感知、思考、学习和问题解决。它将人类行为比作复杂的计算机,其研究旨在破解计算机工作所用的代码和系统。

案例研究

想象你"想象中的孩子",设想他们在学习数字时遇到了困难。纯粹认知取向的心理学家会专注于学习中的信息处理,即有关数字的信息、对数字概念的理解、数学概念的应用规则、存储和处理数字的能力,以及儿童对这种理解和学习的回忆与应用。认知主义心理学家会考虑与儿童的年龄和发育水平有关的信息显示方式和使用方式。例如,学龄前儿童通常需要动手学习数字信息,如使用实际物体的计数活动。认知主义心理学家会与儿童以及负责儿童学习的成年人一起工作,如父母、照料者、托儿所员工。

本书的目的是广泛介绍有助于增进理解儿童心理的理论。本书分为四个主要部分,分别与上述四个主要取向相对应。虽然精选了主要理论纳入不同章节,但我必须强调,各个部分之间存在重叠,因为心理学的许多思想都源于行为主义、精神分析、人本主义或认知主义。此外,一些运用于儿童心理学实践的理论无法归入这四个主要类别,因此我增加了一个部分,涉及社会心理学和生态系统理论。

重要知识点

1. 心理学是对人类行为和经验的科学研究。

2. 心理学研究在现有理论和研究的基础上进行,旨在创建更好的理论和研究。

3. 一般而言,心理学研究的重点是个人经验和行为的丰富细节,或者从群体中获得总结。

4. 当前的四个主要理论框架:行为主义、精神分析、人本主义、认知主义。

4. 应用心理学实践

既然心理学理论如此之多,而且没有一种理论能够提供所有答案或涵盖所有内容,那么我们为什么需要这些理论呢?理论通常是经过科学验证和检验的观点的集合,已经通过结构化的严格研究。当社会机构打算花费大量资金让人们的生活更安全、更有意义、更健康时,在确定所需的资源、行动和方法方面,理论通常比意见更可靠。思考以下情况,并决定是从经历过类似情况的朋友或亲戚那里寻求建议,还是从专业人员那里寻求建议:

• 你的孩子不再想和朋友一起玩。
• 你儿子的学校告诉你,孩子有特殊学习障碍,并在学习读写上遇到了困难。
• 你的女儿说她不想上学,每天早上变得非常苦恼,但不愿意解释原因。
• 你认为儿子偷东西。

你可能会犹豫不决,认为寻求其他父母或亲戚的建议是消除烦恼的首选。但解决日常问题的困难在于，他人的观点通常产生于其个人的日常生活并于其中行之有效。这意味着他人的弱点或爱好会影响其给出的建议，甚至可能会造成伤害。专业人士能够系统运用多年的研究经验和最新研究及理论，并根据专业实践的伦理道德准则展开工作。下面的表格总结了这些准则（朋友或亲戚的建议不太可能具有这些保障）。

英国心理学会的道德与行为守则	
四个主要原则及其对执业心理学家服务用户的实践意义	
尊重	服务对象应得到有尊严和体贴的对待，并有隐私、选择和价值感。
能力	心理学家应提供高水平的最新相关知识、技能、培训、教育和经验。
公正	心理学家作为专业人士和科学家，应该诚实、准确、透明、公正地工作。
责任	心理学家应意识到他们有责任为来访者、公众、社会和科学带来利益，并且不滥用其专业知识。

24　　心理学自成为一门学科以来，已经开发出许多不同类型的应用心理学，其中包括咨询心理学、临床心理学、教育心理学、职业心理学、运动心理学、健康心理学和神经心理学，并且都有自己的培训体系。

来自上述所有背景的应用心理学家都可以为儿童和青少年服务，但是大多数使用"儿童心理学家"头衔的从业者都是有临床或教育心理学背景的。要记住的一点是，如果你希望找到被称为"儿童心理学家"的人，可以参考《英国儿童心理学家心理协会名册》(*British Psychological Society Register of Child Psychologists*)（其他国家/地区的信息见"参考源"部分）。

在我作为教育心理学家的工作中，展现在我面前的每个问题都会成为研究的基础，以便我从尽可能广泛的领域找到准确的相关信息，从而深入理解并且提出解决问题的有效观点，然后付诸实践。每一次工作都是独特的，可能涉及一个孩子或一个成年人、一个组织、一个班级、一个年级，甚至整个学校。现实生活中的问题很少能用一种理论完美解释，因此，掌握尽可能多的理论非常重要。这意味着要进行大量的阅读和学习，以获得尽可能全面的信息，并有多种观点可以借鉴。虽然本书并不能对儿童心理学这个庞大的话题进行权威的全面解读，但确实提供了一些对于最重要理论的解释、有趣的研究发现和儿童心理学家的工作实例，并讨论了它们对儿童心理学的贡献。

认知理论

5. 皮亚杰

> 我惊奇地发现,最简单的推理任务……对11岁或12岁以下的正常儿童来说,是成年人难以想象的困难。
>
> ——让·皮亚杰(Jean Piaget)

具有讽刺意味的是,我们要探讨的第一个重要理论是由本不是心理学家的学者提出的。尽管如此,让·皮亚杰依然被认为是仅次于弗洛伊德的被引用最多的心理学家。他也是最受批评的人,但这在心理学上不是一件坏事,因为他的想法激发了许多进一步的研究和理论。

皮亚杰是发展心理学的主要人物。他在早期关于软体动物和其他动物的生物学研究中提出了一些重要观点,这些观点为人类理解儿童的发展和学习作出了很大贡献。皮亚杰出生于19世纪末的瑞士,对儿童的学习方式着迷。他问了一些宏大的问题,如儿童的学习过程和能力是不是预设的,以及给予儿童的学习机会是否会促进他们的认知发展。皮亚杰对学习的**过程**(而非内容)感兴趣,他的理论基于在不同学习情境下对儿童的长时间直接观察。回顾上一部分提及的四个主要理论框架(行为主义、精神分析、人本主义、认知主义),皮亚杰的发展观点源于人类发展的**认知模型**(cognitive model)。

> **关键词**
>
> **认知**(cognitive):来自拉丁语,意思是"去学习"或"去知道",指涉及感知、思考、学习和问题解决的过程与活动。

皮亚杰理论的建立基于他对自己孩子的观察,以下是一个著名的案例。

案例研究

皮亚杰注意到,当他7个月大的女儿杰奎琳(Jacqueline)的塑料鸭掉在毯子下时,她似乎对找回心爱的玩具失去了兴趣。皮亚杰捡起鸭子，展示给他的女儿看，并且在她的注视下将鸭子重新放回毯子下面。再一次，她完全没有找回的打算。皮亚杰一遍又一遍地尝试，得到了相同的反应。这似乎是因为当小女孩看不到鸭子时，她就认为鸭子已经不存在了，即"眼不见，心不烦"。皮亚杰在其他幼儿身上也尝试了这项活动，并发现了同样的反应。他据此推断，直到至少9到10个月大时，孩子尚无足够的经验去理解**客体永久性**（object permanence），即知道不论是否能直接感知物体，它们也始终存在。

试一试

尝试在不到八九个月的婴儿的视线范围内放一个玩具，你可能会发现与皮亚杰女儿类似的反应。你觉得这会不会与儿童的记忆能力有关？也许他们还不够成熟，无法选择并保留关于他们看不到的东西的信息？也许他们的视觉—运动协调能力还没有发展到可以触及他们视线之外的东西的阶段？

孩子似乎无法理解客体永久性的另一个原因可能是，幼儿非常依赖父母的行为并据此进行自我调整，以至于如果父母的行为似乎暗示某个物体不存在，那么孩子收到父母的提示，就不浪费精力去行动。

实际上，自皮亚杰最初的研究以来，许多对幼儿的研究都发现，三个半月大的孩子即使看不见物体也能理解它仍然存在。

皮亚杰进行的另一项著名研究是"山地实验"。在这个场景中，实验者向一个7岁的孩子展示了一个风景玩具道具，其中包括道路、房屋、山脉等，还有一个和孩子以不同方向看风景的洋娃娃。然后让孩子描述他们认为洋娃娃可以看到的东西。儿童（甚至包括8岁以上的儿童）通常会描述自己看到的场景。皮亚杰将其称为"无法**去自我中心**"（从他人的角度看事物）。发展出更加成熟、准确和较少以自我为中心的观点的唯一方法就是拥有具体的社会学习经验。这对学校具有非常重要的意义，表明儿童需要大量活跃的探究式学习。皮亚杰的发现尤其影响了早期教育和初等教育。

重要知识点

不闻不若闻之，闻之不若见之，见之不若知之，知之不若行之，学至于行之而止矣。

——《荀子·儒效》

皮亚杰的另一个大构想在实验中得到了诠释。在该实验中，他向孩子展示了不同尺寸的透明容器，并且向其中倒入了液体。每个容器装的液体量完全相同，但是由于有些容器更高更细或更短更宽，处于前运算阶段的儿童（2—7岁；参阅第28页的表格）很难理解这一事实。他们会猜测，容器越高，液体量越多，反之亦然。但是，处于具体运算阶段的儿童（7—11岁）可以使用逻辑和推理，可以通过自身关于容器体积的知识，意识到尽管表面液位上升，但液体量保持不变。

试一试

你可以和自己的孩子一起轻松、安全地尝试此实验。当他们准备喝东西时，向量杯中倒入他们最喜欢的饮料，然后摆出几个不同高度和宽度的透明杯子，倒入相同量的饮料，最后让孩子选择一个杯子（不要使用孩子喜欢的杯子，因为孩子会选择它，不管他们认为其中包含多少饮料，以至于"歪曲"实验）。处于前运算阶段（2—7岁）的儿童无法判断哪个容器容纳的液体最多。换句话说，他们不懂得如何准确地判断一些概念，如空间、体积和尺寸，并以此为基础进行逻辑推理。

关于不同年龄的儿童如何思考和推理的理论对理解和支持他们的学习很重要。正如皮亚杰所说：

> 有了孩子，我们才有最好的机会去学习逻辑知识、数学知识、物理知识等的发展。

皮亚杰的理论可以为处于认知发展不同阶段的儿童提供最佳的学习方式。皮亚杰早期对软体动物的研究发现，与蜗牛一样，儿童的学习和发展是在其生活的环境的特殊挑战中发生的。皮亚杰的研究强调了拥有真正的学习目的、积极参与、提供大量实践学习机会的重要性。通过小组形式展开针对性教学而不是传统的全班授课的想法很大程度上源于以上观点。一些教育学家如玛丽亚·蒙台梭利（Maria Montessori）在此基础上建立了一整套早期教育系统。

对于处于感知运动阶段（2岁以下）的儿童，教师应尝试在设备齐全而丰富的环境中提供多种基于游戏的学习。处于前运算阶段和具体运算阶段（分别为2—7岁和7—11岁）的儿童需要具有挑战性的学习活动，包括对具体物体进行分类、整理、排序、定位和保存的机会。11岁及以上的儿童需要面对复杂且日益抽象的事物和社会道德问题，并对此进行反思、研究和讨论。随着时间的流逝，成年人的参与度逐渐降低，以帮助儿童越来越独立地学习和解决问题，并进行自我指导。

皮亚杰因其关于人类认知发展的阶段理论而闻名，他将其视为社会、情感和道德等其他发展类型的基础。该理论认为，每个儿童都会经历四个与年龄有关的认知发展阶段，这可以用儿童的学习行为以及他们需要应对的主要发展挑战来解释。如同爬梯子，每个阶段都建立在前一个阶段的基础上，无法跳过前一个阶段。下面的表格对此进行了总结。

皮亚杰的认知发展阶段理论（儿童如何获得知识）

感知运动阶段：0—2岁
- 儿童通过感官和身体经验来学习，如大喊大叫、敲打、亲身尝试。
- 关键技能包括理解客体恒常性和模仿学习。

前运算阶段：2—7岁
- 儿童通过言语和社会互动来学习。
- 关键技能包语言开发和理解符号概念（如数字和字母），但是不能灵活地应用这些观点。
- 减少自我中心主义（更多地考虑他人）。

(续表)

具体运算阶段:7—11岁
- 儿童通过结构化的教育来学习。
- 掌握分类、关系、数字。
- 逻辑推理、权重、度量。

形式运算阶段(假设推理):11岁至成年
- 从事越来越复杂和抽象的推理与思考。
- 广泛的社会建构,如正义与公平。

案例研究

皮亚杰认为儿童根据社会需求去学习,这点在广为流传的"野孩子"研究中得到了说明。对由动物抚养长大的儿童的研究发现,社会需求对发展的影响非常显著,幸而这些案例罕见。考虑下面列出的儿童发展的各个方面,你认为由什么样的动物抚养长大的孩子会显示这些特征?

身体:通过四肢运动。缺乏精细的运动和控制,如使用勺子等工具,拾起小物件,画图。

感觉:嗅觉、味觉、听觉、视觉和触觉高度发达,适合狩猎和生存。

认知:除了直接和即时的经验,几乎不需要抽象推理、思考和解决问题的方法。缺乏想象力或创造力。

语言：语言由不同声调的咕噜声组成，反映基础需要和功能，这对于群体生活很重要。

情感：没有语言表达，除了对极端行为有反应（如与侵略有关的愤怒），很少与他人交流或回应他人。

社交：对群体有强烈的认同感，很少有单独或成对的行为、友谊，回避并建设性地处理冲突。

答案：狼

35　　皮亚杰伟大而雄心勃勃的理论在过去数十年中受到了广泛关注，但是后续研究揭示了他的观点及其背后的研究方法存在的缺陷与不准确之处。尽管如此，心理学家还是要感谢他，因为如果没有发现儿童与成年人思考方式的根本差异，就不可能进行大量的儿童心理学研究。

> **重要知识点**
>
> **皮亚杰的四大思想**
>
> 1. 儿童的思维方式与成年人截然不同，他们根据自己的认知发展阶段来理解世界。

> 2. 认知发展是儿童获得学习机会的结果。这些机会必须让儿童积极参与,以便在思考中吸收和运用这些想法(同化和顺应)。
>
> 3. 为儿童提供不超出其当前认知发展阶段的学习经验非常重要。
>
> 4. 教师必须在吸引儿童和给予儿童充分挑战之间找到平衡,以促进儿童成长。

本部分的最后一句话来自皮亚杰,它积极地展示了皮亚杰的工作原则:

> 我认为人类知识本质上是活跃的。
>
> ——让·皮亚杰

6. 维果茨基

> 通常,孩子们不会发表自己的言论;他们掌握周围成年人的现有言论。
>
> ——列夫·维果茨基(Lev Vygotsky)

维果茨基和皮亚杰都在 20 世纪初创建了他们的发展理论。尽管双方都认为环境是成长中的儿童学习得以发生的关键,并且儿童积极地向世界学习,但是他们对这种学习环境的性质的看法截然不同。皮亚杰认为每个儿童都有能力在特定年龄学习特定事物,没有考虑到维果茨基理论中关键的社会和文化方面。维果茨基强调了**思维**与**语言**之间的关系,认为只有在成年人的帮助下获得语言和实践技能,儿童的认知能力才能成熟。

维果茨基多产的职业生涯于 38 岁时结束,他因肺结核在 1934 年去世。他的许多思想遭到苏联政府的反对,因为他挑战了当时关于人类发展的主流观念。他的主要著作《思维与语言》(*Thought and Language*)于 1934 年首次出版，却一直被查禁，直到 1956 年。他反对人类天生具有不可变的生物学能力，并且仅仅是从他人"馈送"的信息中学习的理论。相反，他强调政治和文化对人的发展过程的影响。

> **重要知识点**
>
> **维果茨基理论的重要思想**
>
> 人类社会在个人的心理发展中至关重要——在这方面，语言是中心。这通常被称为"维果茨基的社会文化理论"。该理论基于这样的观点，即人的出生地的历史、位置和文化决定了人能经历的学习类型以及能掌握和发展的包括语言、算术和技术等在内的文化工具。这些社会文化因素使得同一社会的成员拥有相似的思维方式和对世界的理解。

想一想

我们生活在充满技术的世界中。儿童从很小的时候就开始接触计算机、移动电话、电视以及许多其他通信方式和娱乐设施。你认为这对以下方面的发展有什么影响？

语言——口语（词汇）、提问的使用、社交谈话和非语言行为。

认知技能——思考、推理、问题解决、计算、创造力和想象力。

身体技能——精细的运动技能,如灵活使用小物件和工具(如绘图设备、剪刀、餐具);运动技能,如跑步、跳跃、攀爬。

社会技能——友谊、领导能力、冲突管理技能;成为团队的一员、了解并遵循社会规则、领导才能。

情绪技巧——识别、管理、交流和使用自己与他人的情绪;移情、积极地对待和真诚。

你还可以回忆起小时候经历的技术欠发达的世界吗?思考一下这些不同的学习经历的含义。你对此是否可以很客观地进行分析?

维果茨基最著名的术语之一是"**最近发展区**"(zone of proximal development)。无论何时进行学习,儿童都会从现有知识和技能的位置开始,去触及最近发展区的极限,从而到达一个新的尚未确立的学习位置。在经验丰富、知识渊博的成年人或其他儿童的帮助下(或者用维果茨基的语言:调解),他们可以更轻松地移动到这个新位置。下图说明了此观点。

| 1. 既有技能和知识 | 2. 最近发展区 | 3. 儿童通过帮助到达这里（成为新的位置1） |

最近发展区图示

> **关键词**
>
> **最近发展区**——儿童在努力、支持和适当条件下可以获得的学习和发展。

在儿童成长的每个阶段，他们都能理解和解决各种学习问题。他们需要的是条理、解释、示范、提示、技巧和提醒，以及大量的鼓励，以增强信心去继续尝试，从而解决问题。如果他们仍然不能解决问题，那么有可能是因为问题的难度超出了儿童的最近发展区。同时，如果儿童可以在成年人或知识渊博的儿童的帮助下解决问题，那么该问题就在他们的最近发展区之内。

维果茨基理论开发了一种评估儿童学习能力的方法，即**动态评估**（dynamic assessment）。传统的评估方法评判儿童在评估时的表现，然后将其与相似年龄儿童的平均表现进行比较。动态评估关注儿童的学习能力（而非儿童已经学到的东西或者当前表现），尤其是如何能帮助儿童充分发挥潜能。

还记得第一次使用电话吗？你可能会看到其他人在日常生活中直接使用它，或者通过电影或电视等视觉材料间接地了解。这都能告诉你有关电话的用途和功能的知识，这就是最近发展区图示中方框1代表的知识。究竟如何使用电话则需要其他经验丰富的人来演示和教导：输入号码，等待和回答问题，以及对话的技巧。最近发展区图示中的方框2表示你已准备好学习。方框3意味着你已经在帮助下学会了使用电话。一旦你学会这项新技能并逐渐精通，你就会进入新的"既有技能和知识"的方框1，并通过新的最近发展区进一步扩展学习，如拨打国际电话。

与维果茨基的最近发展区理论相关联的是"**搭脚手架**"（scaffolding），指的是具有更强能力的人（成年人或儿童）向正在学习新事物的儿童提供帮助。这种"搭脚手架"通过鼓励、使用结构化的问题解决方法、简化任务并允许儿童做一些简单的事情，给儿童带来信心，并采用指导和示范等形式为儿童提供支持。"搭脚手架"的过程不仅是教学或提供信息，更是帮助儿童发展核心的问题解决能力和思考能力，使得他们可以长期使用并发展这些技巧。

实用小贴士

下次你的孩子找不到玩具或衣服时,不仅要告诉他们东西在哪里,还要问一些问题:

"可能在花园里吗?""可能在厨房里吗?""也许是在你的卧室里?"让孩子想想最后看到它的地方,或者通常存放在哪里。询问是否还有其他人知道可能在哪里。你在这里应该做的是提供"脚手架",以便为孩子提供一个坚实的解决问题的基础。你应该和孩子共同解决问题并使用语言,这些对于学习都是必不可少的。同样,你的孩子下次丢失东西时,也有可能学到一些可以自己使用的技能。

没有思想的词语是没有生机的,而未被语言呈现的思想依旧是影子。

——列夫·维果茨基

维果茨基挑明了思维与语言之间的联系,这种联系适用于每个阶段。他关于私下演讲或者自言自语的研究证明了他与皮亚杰之间的根本理念差异。皮亚杰认为这是一种早期的、以自我为中心的语言,主要是儿童用来谈论自己和活动的,但维果茨基不这么认为。他认为,这种对话是**认知加工**的一种必不可少的手段,幼儿经常使用这种对话来管理活动和对自己下达指示。他还注意到,随着儿童成熟并在学习和问题解决方面越来越有经验,这种言语逐渐内化且无意识。有趣的是,当学习或解决问题的方法变得更具挑战性时,自言自语的策略重新出现。你可能会联想到自己使用这种方法来搞清楚问题并制定解决方案的情况。

试一试

准备一份非常难的阅读材料。它应该有一个你所知甚少的主题。首先,请安静地阅读它。然后,大声朗读。接下来,请大声朗读给他人听并且进行解释。你能理解分解文本、大声朗读并进行解释是如何促进你的学习的吗?俗话说得好:"最好的学习方法就是教别人。"

重要知识点

维果茨基的重要思想

• 儿童是其自身在学习和与世界互动方面的积极参与者。

> - 儿童学习环境的社会和文化方面会影响儿童可获得的学习机会。
> - 学习是一个社会过程。
> - 可以通过以下方式评估儿童的学习潜力：评估自主学习和帮助学习之间的差距（最近发展区）
> - 教学应集中在儿童的最近发展区上。
> - 有效教学的目的是提供"脚手架"，并且随着儿童的成长逐渐减少帮助。

维果茨基的工作使人们对儿童的学习有了更深入的了解，并且开展了许多进一步的研究，这些研究支持了教育方面的重要工作。对维果茨基的研究有两个主要的批评。第一个是他的研究没有承认每个儿童的**个性特质**，而主要强调成年人"搭脚手架"的作用。第二个是他的研究明显没有认识到儿童在学习中的**情感经历**。欢乐、恐惧、挫败及其对动机的影响的重要性没有得到重视。在本书的其他部分，你会发现许多理论都是基于维果茨基的著作，但研究方法截然不同。

7. 认知论

人们普遍同意，心理学涉及对认知过程（思维、情感、行为和知觉）的研究。关于皮亚杰和维果茨基的章节说明了认知心理学的发展，本部分则总结了 20 世纪其他两位重要认知心理学理论家杰罗姆·布鲁纳（Jerome Bruner）和诺姆·乔姆斯基（Noam Chomsky）的一些重要观点。

布鲁纳和乔姆斯基的工作最初都侧重于思考、逻辑推理、问题解决、计划和回忆的心理过程，然后又着重于与社会行为、情感和感知有关的认知过程。他们的研究基于这样一个观点，即人类参与了活动，而这些活动涉及**与活动相关的特定知识**。因此，研究和理论针对的是活动和相关知识所固有的思维与行为过程。认知主义者拒绝行为主义所认为的"人是简单的生物，以刺激—反应的方式与环境相互作用"的观点。他们认为人在自己的思维和行为中积极主动、目标明确，并由此产生了许多复杂的实验和理论。

杰罗姆·布鲁纳

布鲁纳是一位美国心理学家,他在20世纪中叶开展的早期研究主要在成年人中进行。随后他将自己的思想发展为一整套认知发展理论,并且特别关注语言、沟通和教育的作用。布鲁纳与维果茨基一样,认为儿童与知识渊博、成熟的成年人的交往是学习过程的关键,他也把学习能力放在了人类智力的中心。他的观点与皮亚杰的阶段发展理论以及其认为人需要"准备就绪"去迎接不同阶段的学习和发展挑战的观点不太一致。布鲁纳相信,儿童的学习是在其他知识渊博的人的支持下逐步进行的。

"准备就绪"的想法只是真相的一半。事实证明可以通过教学提供"准备就绪"的机会或培养"准备就绪"的能力,而不仅仅是原地等待。

——杰罗姆·布鲁纳

他几乎不研究精神分析理论,因为这些理论侧重于内在动力和潜意识。他对社会和文化的影响、任务或活动以及人与人之间的互动感兴趣。布鲁纳的著作中提出了两种知识——**事实性知识**（factual knowledge）和**程序性知识**（procedural knowledge），也就是活动的内容与方式。他认为，对于任何思维过程（如思考、比较、分类或选择），个人都必须对所涉及事物的本质以及如何去理解和处理该事物有一些想法。即使是 3 个月大的婴儿也可能对脸有足够的了解，并且能够分辨出母亲的脸。

试一试

观察或想象首次去动物园的幼儿。他们很可能在现实生活中从未见过老虎或狮子。他们也很有可能看过家猫。首次看到"大猫"时，他们很有可能会表示认出这是"猫"，发出"喵喵"的声音，或要求抚摸它。他们还没有关于"动物分类"的知识，也没有关于"狮子"和"老虎"的知识，但是他们理解事物的方式突出了人类推理和分类的特质。

重要知识点

布鲁纳的重要思想

- 儿童认知能力发展的结果是思维能力的增强。
- 随着儿童逐渐成熟并拥有更多关于世界的经验，他/

她会找到组织这种经验和知识的方式。布鲁纳称之为"通用编码系统"。

- 通用编码系统是程序性知识的示例（如何学习知识，而不是学到了什么或学习知识的类型）。
- 布鲁纳认为，每个人都必须超越现有的教学方式，并创造自己的分类、理解和问题解决的方式。对布鲁纳来说，这是智慧的本质。
- 布鲁纳在认知发展过程中非常重视**语言**。他认识到语言是个人所处的社会和文化的产物。
- 语言以及其他"文化发明的技术"，如信息和通信技术，能帮助个人发展理解世界的能力。
- 即使是很小的孩子，在感知和学习世界的过程中也非常聪颖和活跃。

布鲁纳认为，与 12 个月大的幼儿相比，3 岁儿童对书的理解，以及关于书的知识和技能要强得多。因为他们已经在许多场合阅读，如去图书馆读书或者和父母一起逛街买书，所以他们会明白书中包含故事，可以看到字母和单词的标记，了解这些书是讲故事还是提供信息。他们知道"有一种可以拿着书并且翻页的特殊方式",因为他们很可能已经看过父母或其他人的阅读过程。从认知理论来说,他们将有足够的关于书的经验,以便能够组织这种经验识别书和阅读书。他们对经验进行了分组和组织,并且能够以问题解决的方式使用这些知识。因此,给他们一本新书时,尽管他们可能以前从未看过这本书并且无法阅读,但与年幼的儿童不同,他们拥有足够的程序性知识,可以理解书和阅读的目的。

试一试

如果给1岁的幼儿一本图画书,他们会有什么表现?他们是否会用正确的方式拿起书本,从前往后翻动页面,从页面顶部往底部看,知道这里有故事,以及图片与故事有关?或者他们会以错误的方式拿起书,不知道如何翻页,用嘴咀嚼书页,甚至将书页弄皱或撕裂?相比之下,一个3岁在读学前班的儿童已经达到了认知发展阶段,对于书以及书的意义有更好的理解。

布鲁纳理论的另一个重要方面是他对个人存储有关世界的知识的三种主要方式进行了分类。他称这些分类为"**表象**

模式"(modes of representation)。

第一种是**动作性表象**(enactive representation),这是在行动中产生并嵌入其中的一种知识。这种知识作为一种记忆存储在身体中。例如,骑自行车的知识源于骑车这项活动,但是儿童和许多成年人很难准确描述这项活动的许多复杂的方面。

第二个是**形象性表象**(iconic representation),它与视觉记忆和可视化有关。人们在创建和使用心理图片方面的能力各不相同。人们有不同的学习风格,其中包括一些视觉学习者。尽管有批评认为学习风格理论过于简单,但毫无疑问,有些人确实通过视觉表达(如表格和图表)以及口头信息帮助自己学习。

第三种是**符号性表象**(symbolic representation),这是布鲁纳提出的最后一种表象模式,其中信息以符号或代码的形式进行编译和存储。这种表象模式是最有用和最广泛的,与动作和形象不同,单词和数字之类的符号可用于表示关于世界的大量广泛的信息。能够将所有书称为"书"而不是一本特定的书的儿童具有更强大的交流和学习能力。例如,如果儿童可以使用语言符号"猫",那么他就可以分组、组织和使用大量有关猫科动物的信息。

试一试

想象一下学龄儿童学习数字。根据布鲁纳的表象模式，以下学习活动应以什么顺序进行？

- 教室一角的海报上标有不同数量的食物和数字。
- 仅包含数字的数学作业单。
- 涉及手指计数的编号歌。
- 带有物体并标注物体数量的彩页。
- 附加测试。
- 与成年人玩面团蛋糕模型，数蛋糕的数量。
- 操场上的计数游戏，如跳房子。

布鲁纳的观点表明，在开展一项新的学习活动时，如果考虑他的三种表象模式，使学习者先从动作性表象开始，然后是形象性表象，最终是符号性表象，将会很有帮助。显然，这意味着呈现新学习的方式和教师的工作是个人学习的非常重要的方面。但这也暗示，即使是很小的儿童，也可以通过建设性的积极方式得到帮助。

诺姆·乔姆斯基

俄国移民后裔乔姆斯基 1928 年生于美国，他将语言学的重心从语言的产生，即词汇和语音的产生，转移到语言知识的更深层次的概念。与布鲁纳一样，他在理解语言发展方面也反对行为主义。他深刻地意识到有必要在人类智力的社会和文化方面认识认知发展。他明确提出，语言不是源自大量词汇的存储或刺激—反应行为。他认为语言是根据世界上的活动而不断被自发创造的。因此，人类必须有能力使用他们听到的全新的词汇组合中使用过的单词，并且能在特定情况下创造从未听过的句子和短语。

乔姆斯基因包括**语言习得装置**（language acquisition device）和**通用语法**（universal grammar）在内的许多重要观点而闻名。他认为，儿童的语言发展可以通过他们对语法的理解和掌握来解释。他认为语言有两个主要方面：首先是表层结构，即儿童从成年人那里听到的言语；其次是深层结构，即组织词汇意义使用方式的复杂系统。乔姆斯基认为，儿童在没有被语言能力更强、更善于表达的成年人正式教导的情况下，其掌握这种深层结构的速度以及可以在表层水平上进行熟练操作，表明了儿童与其他物种的幼体不同，生来具备产生语言的能力。乔姆斯基将此功能称为"语言习得装置"并认为其具有大脑基础。语言习得装置使儿童可以调入、学习和使用"通用语法"，而"通用语法"是他们出生环境所用语言的基础。

案例研究

成年人常常会对儿童使用语言和冒出一些原始表达的能力感到高兴与惊讶。你可以在任何儿童的演讲中观察到乔姆斯基的语言习得装置和通用语法。我认识一个小女孩，她说的第一句话是："我要喝杯茶。（I want a cup of tea.）"她才不到1岁，没有人教她动词（want）、宾语（a cup of tea）和人称的用法。但她的这句话让刚睡醒的父母在周末的早晨感到非常惊讶。你可以花点时间去观察儿童学习和使用语言的技巧与创造力。

尽管乔姆斯基的研究被批评为过于"心智主义"（mentalist），即过分强调个人的先天能力，对外部因素的认识不足，但是他的许多观点对思考语言的基础、人类是什么以及学习关键期的概念十分有用。乔姆斯基的通用语法理论也遭到批评，因为越来越多的人认为世界各地的语言结构比他的理论所承认的更为多样化。布鲁纳实际上将乔姆斯基的观点与自己的观点融合在一起，提出了术语"**语言习得支持系统**"（language acquisition support system）。这可以促进儿童语言和认知发展的社交互动，并突出显示了熟练的语言使用者（成年人）在育儿、照料和教育中支持儿童的多种方式。

认知主义理论产生了许多被证明有用和有效的观点，特别是在学校和教育领域。

重要知识点

重要观点

• 认知主义理论的重点是反思、逻辑推理、问题解决、计划和回忆的心理过程，而不是脑部结构和神经系统。

• 在最近几十年中，这一重点转向涉及社会行为、情感和感知的认知。

• 布鲁纳的观点将语言、交流和教育的作用置于认知发展和人类智能的中心。

• 布鲁纳的关键术语：事实性知识和程序性知识，动作性表象、形象性表象、符号性表象。

● 乔姆斯基与布鲁纳一样,将人类视为特定社会文化背景下的积极学习者。

● 乔姆斯基的关键术语:语言发展的生成理论,通用语法,语言习得装置。

8. 信息加工理论

与前几部分涉及的许多理论一样,以下心理学理论并非专门针对儿童心理学,但提出了一些重要的观点,并在儿童心理学家的工作中经常被借鉴。

前面关于认知心理学的章节曾介绍计划、学习、问题解决、思考和回忆的心理过程是该领域研究的重点。信息加工理论也关注这些问题,但使用了不同的模型和模式来理解认知。人们根据现今的技术发展将大脑和神经系统比作时钟、蒸汽机、电话总机、中央供暖系统和计算机。基本上,信息加工理论将人视为一种接收信息并利用信息指导自身行为的机制或系统。

人的认知系统涉及许多复杂的过程,包括思维、语言和记忆。用信息加工的术语来说,人必须能够:

(1)接收信息。

(2)了解信息。

(3)组织和处理信息(分类、创建规则、使用符号)。

(4)回忆信息。

（5）使用信息。

如果满足以上所有条件，则个体能够学习，并通过行为反映这一点。如果个体已经达到能用语言理解和表达的阶段，就不难对此进行评估；如果还没有达到这一阶段（如还没有开始说话的幼儿），那便困难得多。

试一试

根据人类学习的信息处理模型，儿童得到的信息会影响他们的行为。例如，如果你告诉幼儿散热器很烫会伤害他们，从信息加工的角度来看，其中需要考虑很多关于儿童认知发展的问题。请在下面的表格中，将右列有关儿童认知（学习和理解）的问题按其逻辑顺序与左列相匹配。

儿童能否：

1. 接收信息？	A. 幼儿是否能使用已有信息，不去触碰散热器？
2. 理解信息？	B. 幼儿是否能处理"散热器很烫"的信息，并联系他们曾经触碰过的"烫"的东西？
3. 组织和加工信息？	C. 幼儿能否理解"烫"和"散热器"这两个词？
4. 回忆信息？	D. 幼儿下次遇到散热器时，能否回忆起已有信息？
5. 使用信息？	E. 幼儿能否接受指导？

答案：1—E 2—C 3—B 4—D 5—A

这是一个复杂过程的简单说明。在现实中，上述阶段需要花费大量时间重复。从行为主义的角度来说，这叫作"强化"。你可能还会发现幼儿通过游戏和绘画的方式来理解"散热器很烫"这个信息。儿童的绘画是人能够组织、处理和表达有关世界的信息的另一个示例（如同成年人艺术作品的作用）。在"治疗工作"部分，你可以了解对儿童使用基于艺术的方法的更多信息。

信息加工理论凭艾伦·图灵（Alan Turing）的研究得到进一步发展。图灵是一位英国数学家，通过开发人工智能系统（现在称为"计算机"）在第二次世界大战中破译了德军恩尼格玛密码机。图灵通过解译密码机掌握了德军的战略，为战争的胜利和随后的人类认知信息加工理论作出了巨大贡献。

赫伯特·西蒙（Herbert Simon）、艾伦·纽厄尔（Allen Newell）、马文·明斯基（Marvin Minsky）和约翰·塞尔（John Searle）基于人类认知也被规则掌控并能被复杂计算机复制的想法（参考上文中有效认知标准的第3点），花费数十年时间设计可以像人类一样解决问题的计算机程序。他们的工作是非常理论的和抽象的，并绕开了哲学和社会学上的争端（如人的本性、知识的本质、文化和社会结构的影响）。然而,明斯基在某种程度上解决了这一问题,并为思考人类认知的新方法奠定了基础。该方法强调大脑和神经系统的网络与联系而不是固定的结构。塞尔的工作进一步证明了这一点,即人们有能力理解并创建规则以及关于规则的规则,以处理他们从未接触过的信息,因此人比任何计算机都复杂得多。尽管存在缺陷,信息加工理论对理解和研究人类心理学的重点领域(如记忆、语言和学习)至关重要。

重要知识点

重要观点

- 信息加工理论将人视为一种机械装置或系统(如计算机)。
- 用信息加工的术语来说,人类认知涉及接收、理解、组织和加工、回忆与使用信息。
- 认知的关键是能制定和使用规则与符号。
- 社会和文化因素影响人们可以使用的规则与符号。
- 计算机处理信息和创造信息的能力有限。世界上最好的计算机仅与创造它的人一样好。
- 人比计算机更复杂,更原始。

9. 神经心理学

神经心理学:研究大脑物理状态改变所导致的行为变化。

——《枫丹娜现代思潮词典》

(*Fontana Dictionary of Modern Thought*)

严格来说,神经心理学不能被描述为一种认知理论,但把它放在本节是最合适的。神经心理学是心理学中一个高度专业的领域,侧重于研究大脑和神经系统的结构与过程及其与行为的关系。神经心理学领域的研究和理论正在蓬勃发展。心理学家(包括儿童心理学家)开始越来越多地运用来自该领域的知识。弄清发生损伤、疾病和/或障碍的大脑部分,可以使治疗和干预变得更加有效。人类特定的行为方式也能反映大脑特定方面的损伤。除此之外,学习、发展、教学和育儿等方面都从对神经心理学的深入理解中受益。

大脑的特定部位能够组织并控制特定的行为和技能并不

是一个新的观点。18世纪中叶至19世纪，医生和解剖学家开发了一种名为"颅相学"的方法，这在字面上意味着通过检查头骨的形状来"读取"个人的特质。头骨的不同部分被赋予不同的角色和功能。例如，赋予一个区域语言的功能，并从该区域的凹凸形状和大小中"读取"人说话的方式。

现代神经心理学早已脱离凭借颅像来评估人的性格和智力的理论，但其核心观点依旧认为，大脑的不同区域是复杂过程发生的场所，如感知、记忆、语言、推理、运动技能和情感。

由于种种原因，研究大脑是比较困难的事。其中最简单的原因在于，大脑不仅是维持生命的基础，而且负责控制和确保人的生命运转。如果科学研究以任何方式影响大脑工作所维持的良好平衡，那么该人将不可逆转地被改变，并且这很有可能会以有害的方式发生。

早期的研究涉及手术切除和检查大脑的某些部分，这些研究多半在遭受脑损伤的人身上进行。随后的研究开始进行更精细的外科手术探索，或者对大脑的小部分区域进行电击，这通常在动物身上进行。后来科学家凭借显微和激光外科手术、核磁共振扫描与超声波，开发了许多非常复杂且相对无风险的实验程序。信息加工理论也在模拟大脑运转过程和高级数学模型的开发中发挥了作用。

大众媒体几乎每天都会报道有关大脑结构和运转过程的发现。有关各种问题和病症（如阅读障碍、计算障碍、运动障碍、注意缺陷多动障碍）的基础与原因均在其中。这些报道的问题在于，尽管它们增进了我们对大脑和神经系统的了解，但也将其简化到了毫无意义的程度。即便如此，儿童心理学家也开始越来越多地利用不断增长的这一知识基础。对各种儿童疾病的神经心理学评估方法和材料的使用在逐步增加。随着时间的推移和研究的发展，向非专业人士和普通大众有效地传播重要观点将更加容易。

重要知识点

重要观点

- 神经心理学是对大脑和神经系统的结构及其与行为之间关系的研究，包括儿童的发育和学习。
- 长期以来，人们一直认为特定的行为和技能由大脑的特定部位组织和控制。
- 神经心理学理论指出，大脑中的特定区域负责各种复杂的过程，如感知、记忆、语言、推理和运动技能等。

• 神经心理学研究通过使用许多非常复杂且相对无风险的程序来检查大脑，从而得到发展。

• 针对各种儿童失调、受伤和疾病的神经心理学评估方法与材料正在增加。我们还有很多东西需要学习。

精神分析理论

10. 弗洛伊德

> 经验分析使我们确信,孩子是人心理上的父亲,生命最初几年的经历对人的余生至关重要。
>
> ——西格蒙德·弗洛伊德(Sigmund Freud)

西格蒙德·弗洛伊德强调儿童的早年生活以及儿童与父母之间关系的重要性。他认为这种关系的质量是儿童持续发展,以及未来成人行为、认知和整体福祉的基础。尽管后来的研究者和理论家并不总是直接将儿童心理学归因于弗洛伊德,但是从他的研究工作及核心思想"早期经验具有根本的重要性"中发展出了广阔的儿童心理学领域。本书开头描述了四种主要的理论框架,即行为主义、认知主义、人本主义和精神分析(也称"心理动力学")。弗洛伊德通常被认为是心理动力学理论的奠基人,心理治疗实践中通常称心理动力学为"精神分析"。

西格蒙德·弗洛伊德

心理动力学与行为主义之间的联系明确地体现在弗洛伊德的这句话中:

> 怀抱中的婴儿想要感知母亲存在的原因仅仅是,他/她已从经验中得知,母亲会毫不迟疑地满足其所有需求。

这种对母婴关系的鲜明看法揭示了弗洛伊德非常传统的医学和生物学背景,以及他在19世纪末至20世纪初开始发展自己的理论时,针对人类行为的行为主义式解释占据了主流。儿童被视为被基本的食物和栖息需求"驱动"的复杂生物。弗洛伊德发展了心理动力学理论,认为随着儿童的成熟并与其他人形成关系,其驱动力或本能变得更加复杂,并且主要是性本能方面的。他进一步扩展了这些观点,提出了一种关于社会和整个社会世界的理论。

我们的文明完全基于对本能的压制。

——西格蒙德·弗洛伊德

不出意外,弗洛伊德的许多思想遭到了抵制,尤其是在他的故乡维也纳。有趣的是,心理动力学理论最初在美国和英国更容易被接受。"阻抗"一词直接与弗洛伊德的理论联系在了一起,它被用于解释人们对弗洛伊德观点的拒绝便已经说明了其思想的引人入胜。弗洛伊德在受到对其理论的批评时,会回应说这仅仅是对他的思想的防御性反应。尽管弗洛伊德的理论一直受到学术界的严厉批评,但他的观点在许多心理治疗师的治疗实践中持续流行。源自弗洛伊德研究的术语在日常生活中也十分常见。下表列出了一些你可能已经习惯使用的术语。

弗洛伊德理论的关键词	
投射(projection)	个体心理防御能力的一部分,个体在不知不觉中否认自己的思想和情感,并将其归因于另一个人。
分离焦虑(separation anxiety)	幼儿和与他们有情感联系的关键人物分离时感受到的强烈恐惧。
自由联想(free association)	接受精神分析的患者的自发性和非强迫性言语揭示了他们内心的愿望和动机。

（续表）

客体（object）		放松情绪和满足所需的人或物。
恋母情结（俄狄浦斯情结）（Oedipus complex）		源自希腊神话的观点，男孩或女孩将他们的异性父母视为浪漫爱情的对象，并对同性父母怀有杀意。
固着（fixation）		个人潜意识过程的一个方面，其中所有精神能量和行为都集中于一件事物或一个人。
心身的（psychosomatic）		精神不适表现为身体症状。
压抑（repression）		拒绝欲望、动机和/或幻想，以及潜意识地拒绝对它们采取行动，因为个体认为以这种方式获得满足会在心理上有害和/或受到他人的否定。
弗洛伊德式错误（Freudian slip）		言语或幽默暴露出某人的潜意识或欲望。

弗洛伊德认为，随着婴儿的成长，他/她不断经历情感上的起伏，并感受到对爱和其他强烈欲望的需求。他也十分重视儿童的生理发展，以及儿童在不同年龄通过身体不同部位体验愉悦的内驱力。弗洛伊德将这些与心理发展阶段（口唇期、肛门期、性器期和生殖期）以及相应的满足行为（包括吸吮、排便和手淫）联系了起来。下表概述了性心理发展阶段以及正常儿童和成年人所经历的典型行为。

弗洛伊德的性心理发展阶段及行为

出生、断奶、学龄前	口唇期	全神贯注于食物和饮料、吮吸和咀嚼。
上厕所训练、幼儿时期	肛门期	全神贯注于厕所、肠和膀胱功能。
学龄	性器期	通常通过手淫来满足新出现的和越来越有意识的性欲。
青春期	潜伏期	没有关于身体或性的欲望的时期。
青春期后和成年期	生殖期	参与成年人的性关系。

这种分阶段的性心理发展理论得到了进一步扩展,并且,在某些时候经历了不理想状况的个人被视为"停滞"在相应阶段。然后,个人"停滞"的阶段被用于表征和描述人格发展的失调。例如,断奶时间太晚的"口欲被动者"(oral-passive)倾向于依赖他人,并喜欢进食或吸烟等口头满足感。与此相反,"口欲攻击者"(oral-aggressive)由于断奶的时间太早,会表现出攻击性行为,并且倾向于咬铅笔或指甲等。"肛门攻击者"(anal-aggressive),从弗洛伊德的理论上说在社会上过于友好或激进。接受过严格厕所训练的"肛门固着者"(anal-retentive)在行为和观点上都是小气并完美主义的。弗洛伊德理论的一个主要问题是,由于普及程度高,其观点的复杂性已被荒谬而无益的描述人类行为的非常粗糙且不严

谨的方式取代。根据偶然观察将整体的复杂的人形容为"肛门"或"性器",这并不是专业深入的精神分析。

实际上,弗洛伊德理论的淡化只是对其工作的众多批评表现之一。针对它们还有一系列其他反对意见,这解释了学术界对弗洛伊德理论的持续而强烈的矛盾心理。

> **重要知识点**
>
> **对弗洛伊德理论的主要批评**
>
> • 弗洛伊德的大多数理论都从他的临床实践发展而来,即单例,因此无法重复和进一步检验。
>
> • 弗洛伊德的职业生涯中充斥着许多冲突和破碎的合作。
>
> • 许多人称他的专业实践是不道德的。例如,他抚养自己的女儿,随后撰写了基于她的文章以支持自己的理论。
>
> • 弗洛伊德认为人类的性行为具有极大的意义和重要性。其后的许多理论家和实践者认为这是不健康且扭曲的夸张,是人际关系与肉欲之间的人为区分。

弗洛伊德关于儿童心理性发展的俄狄浦斯情结理论表明,每个很小的孩子都对他们的异性父母怀有浪漫的想法和欲望,对同性父母也具有破坏性和谋杀性的想法。例如,据弗洛伊德说,一个小男孩会因为爱他的母亲以至于希望取代他的父亲,甚至为了实现这一目标而消灭父亲。随着男孩的成熟,他越来越认同父亲并放弃母亲,从而消除了这个潜意识的愿望,并且去寻找自己的性伴侣。弗洛伊德认为,大多数小孩是双性恋,他们成年后的性发展显示了自己独特的男女混合特征以及与父母的主要关系的影响。现代人类发展理论强调了许多其他重要因素和过程,例如:

- 父母的行为和生活方式。
- 与其他成年人的关系,如亲戚、朋友和照料者。
- 家族病史和成人性行为的模式以及期望。
- 本地和本国的背景与文化。
- 媒体。

试一试

花一天的时间思考和观察你的孩子和他们对媒体的接触。记下他们看的节目或听的音乐,然后总结一下他们对成人关系的理解。评估他们收看或收听的内容是否完全反映了你尝试教给他们的内容。

重要知识点

关键概念

- 孩子的早年生活及与父母的关系对其性格、行为和认知风格的发展至关重要。
- 大多数人在成长过程中会遇到强烈的情感问题,这些问题会在潜意识层面影响其思想和行为。为了继续正常的成年生活,有必要面对和解决这些问题。
- 多数人使用防御机制来避免面对最深、最困难的信念和动机,并使它们处于潜意识状态。
- 弗洛伊德极大地强调了性欲,但后来的精神分析理论涉及更广泛的人类情感和认知体验。

弗洛伊德理论的影响深远,人们每天使用他的术语和观点就可以证明这点。不难发现,弗洛伊德的一些想法非常具有吸引力和相关性。例如,谁能与以下观点抗辩?

最重要的就是爱情和工作。

——西格蒙德·弗洛伊德

实际上，弗洛伊德的思想在主流文化中占据了重要地位，以至于许多人错误地认为它们代表了当今心理学理论和实践的主体。当非心理学家开玩笑说："你要分析我吗？"大多数心理学家都会感到好笑。具有讽刺意味的是，心理学界的大部分人对他的观点持强烈的保留意见。即便如此，一本关于儿童心理学的书如果没有对弗洛伊德的理论以及他对于儿童发展的影响的解释，就是不完整的。此外，弗洛伊德的著作以及后来他女儿安娜·弗洛伊德（Anna Freud）的著作，为另一个重要的理论体系"依恋理论"奠定了基础，下一部分将对此进行探讨。

11. 亲子关系理论（包括依恋理论）

> 孩子对母亲的爱与陪伴的渴望和对食物的渴望一样强烈。
>
> ——约翰·鲍尔比（John Bowlby）

弗洛伊德的著作强调了婴儿与父母之间关系质量的重要性，这点后来在许多重要的儿童发展理论中得到进一步发展。**依恋理论**是关于社会发展的主要理论之一。安娜·弗洛伊德是西格蒙德·弗洛伊德最小的孩子，她从未获得正式的医学或心理学资质，却成为与精神病患者一起工作的杰出儿童心理分析员。她与密友多萝西·伯灵厄姆（Dorothy Burlingham）一起建立了汉普斯特德战争托儿所，通过在该托儿所的治疗工作和对儿童的密切观察，发展了她父亲基于成年人的理论。与大多数复杂的心理学理论一样，依恋理论也随着时间的流逝得到不断探索和革新，许多研究人员、理论家和实践者为当今我们所熟知的庞大且不断增加的文献及相关理论作出了贡献，其中的关键人物包括梅兰妮·克莱因（Melanie Klein）、约翰·鲍尔比和玛丽·安斯沃思（Mary Ainsworth），还有其后的唐纳德·温尼科特（Donald Winnicott）。本部分将总结一些他们最重要的观点。

梅兰妮·克莱因

梅兰妮·克莱因通过游戏对幼儿进行精神分析。克莱因通过阐释单个孩子玩耍的方式，提出了关于孩子对自己以及父母的身体幻想的观点。她对抑郁症与弗洛伊德的"口唇期"的联系特别感兴趣。由此，她强调负责喂养的母亲与婴儿之间的关系对婴儿所有后续关系的重要性。从这项工作中发展出了克莱因精神分析学派，即**客体关系学派**的主要理论：

（1）分析应着重于两人关系中的情感纽带和行为，以及个体如何平衡对别人和对自己的爱与关怀。

（2）克莱因精神分析学派认为，婴儿发育分为两个阶段。第一阶段为"**偏执—分裂样心态**"。这个戏剧性的术语是指婴儿的一种心理生存技巧，以应对与母亲分离时需处理的与生俱来的关于死亡和破坏的幻想。第二阶段为"**抑郁样心态**"。当孩子能够看到自己的母亲（他/她感情的"客体"）作为一个单独的人时,孩子便进入该状态。他/她的精力集中在保留自己的爱与关怀上,同时处理不断发生的关于拒绝和愤怒的幻想。

> **实用小贴士**
>
> 婴儿出生时,父母便也"诞生"了。婴儿的诸多需求可能会引起父母强烈的情绪和情感需求。如果父母不曾向婴儿提供照料和支持,他们就会感到无助和脆弱。当你成为新手父母时,是什么让你感到有足够的抗压性和力量来应对宝宝的诸多需求?考虑一下情感、身体和社会支持,并想想什么会带来更多帮助。

唐纳德·温尼科特

唐纳德·温尼科特是儿科医生和精神分析学家,他的工作建立在较早期有关儿童发展的观点上。他的工作还与客体关系学派有关。他也强调家庭教养的重要性以及父母与婴儿互动的双向性质。他提出,这些互动支持并影响了儿童发育的四个主要方面:

- 社会理解和行为;

- 处理关系的能力；
- 语言习得；
- 意识和情感的运用。

温尼科特认为儿童和成年人的心理问题缘于父母不良和不敏感的养育方式，他的治疗理念是帮助个体重塑和治愈他们早期的养育经历。

温尼科特以两个特别重要的理论观点而闻名：**过渡性客体**和**足够好的母亲**。温尼科特对母亲及其孩子的研究对儿童如何获得自己的独立身份作出了特殊的解释。他认为母亲最初具有两个主要角色和功能：她既是婴儿的第一环境，也是他/她的客体。

镜子的前身是母亲的脸。

——唐纳德·温尼科特

温尼科特认为，随着儿童的逐渐成熟，母亲将独立于孩子。她通过满足孩子的需求来协助这一过程的完成，同时也为孩子提供选择和表达愿望与需求的空间与自由，而并不总是与自己的选择和期望保持一致。最重要的是，母亲也是人，

81 在按照婴儿想要的方式做事时有可能会犯错和/或不完美。这是"足够好的母亲"一词的寓意，也是确保不总是满足孩子的期望，并且使他/她有机会对沮丧和失望产生容忍性的重要方式。这可能是一段艰难的时期，任何一个经历过孩子蹒跚学步的"可怕的2岁"阶段的人都将认识到温尼科特在以下引用中的含义：

> 比起被爱，孩子更需要父母。当被憎恨甚至被憎恶时，他们需要一种可以延续的东西。

"足够好的母亲"能让孩子拥有和控制他的早期物品，这就是"过渡性客体"的概念的起源。许多儿童有自己特殊的"财产"，如毯子、毛绒玩具或玩偶，儿童特别依恋它们，它们不可或缺。在温尼科特的理论中，客体具有特殊的情感和心理意义，并提供了情感上的舒适感以及一种连续性和认同感。逐渐地，随着儿童长大拥有更多的经历，并且能够作出
82 更多的选择和建立关系，客体就失去了意义，儿童通常不再需要客体的存在。

> **关键词**
>
> **依恋理论**认为,儿童的情感、心理、社交和整体健康状况取决于他们与主要照料者的关系质量。理想的关系应该对儿童的需求和感受敏感,并且应该是持续而可靠的。

约翰·鲍尔比

鲍尔比对与母亲分离的孩子的临床实践是他1969年出版的主要著作《分离与丧失》(*Separation and Loss*)和依恋理论早期观点的基础。鲍尔比观察了幼儿对父母的亲近和安慰的主要需求,并发现了这种需求是如何通过幼儿的早期行为来表达的,如哭、说话、微笑和抓紧。这种需求本就存在,独立于诸如饥饿和口渴的满足以及对安全和住房的核心需求。他强调了这样一个事实,即孩子会积极地寻求父母的抚养和关爱,这是孩子正常发育过程中心理健康和幸福的关键特征。那些经历长时间分居甚至失去父母的不幸的孩子,通过其行为可以看出一些明确的反应阶段。这些阶段首先是抗议,然后是绝望,最后是淡漠。鲍尔比创造了"**母爱剥夺**"一词,他在《分离与丧失》中提到:

> 婴儿应与母亲或替代母亲的照料者之间保持温暖、亲密和持续的关系。孩子没有这种关系的情况称为"母爱剥夺"。

然而，鲍尔比的理论和"母爱剥夺"概念的问题在于，这种观点往往使用得太泛滥，并且已成为对发展问题（包括行为举止）的简单解释。即便如此，它确实构成了进一步工作的基础，并且对儿童的复杂社会心理发展有了更精细的理解。

在我们的文化中，儿童在很小的时候往往会被一两个关键人物抚养长大。当儿童不得不经历与父母或照料者的分离时，即使是很短的时间、有熟悉的替代性照料者、在已知的地方，对儿童而言也是个挑战。你能想到不得不离开孩子的情况吗？你能识别出抗议、绝望和淡漠的阶段吗？幼儿通过行为和表情传达的抗议与绝望很容易理解，他们的淡漠行为理解起来则难得多。例如，当你回来时，你通常期望孩子会很高兴见到你，并通过寻求直接接触来表达这一点，但通常情况下，你会受到冷落并被忽略，甚至你所表达的愉悦和爱会被孩子拒绝。依恋理论为理解这种情况提供了一种有用的方式，而且，明智的父母会给孩子时间和空间来适应他们的出现，而不会真正感到被拒绝并报复。

案例研究

对罗马尼亚孤儿院中的儿童进行的一些研究，结果令人不安，证实了鲍尔比的早期观点。许多与父母永久失散的幼儿表现出一定程度的疏离，他们无法做除最基本的生存行为（如进食、喝水、上厕所和睡觉）以外的任何事情。他们的社会行为、身体活动、语言和整体发展都严重滞后。当然，孤儿院研究不仅反映了与主要照料者分离对儿童的影响，还强调了严重创伤的后遗症，以及特殊机构照料的影响。

大量罗马尼亚孤儿被替代性照料者收养，然后在发展上取得了很大进步，这一事实展示了儿童的适应力及其恢复和重新参与常规发展过程的能力。这也有助于人们更好地了解如何能减少早期分离和丧失的影响，如熟悉且资源充足的护理环境，对替代性照料者的熟悉，并在可能的情况下减少分离时长。

> **关键词**
>
> **依恋**是一种行为,它使孩子/成年人与存在的另一个更有能力的人接近,并且存在于**依恋关系**中。其特征是:
>
> 1. 积极寻找依恋对象。
> 2. 在依恋对象缺席时表达焦虑和/或愤怒。
> 3. 当依恋对象在场时,在当前环境中充满信心地探索。

依恋行为的阶段

行为描述	阶段
婴儿会对解决核心需求的任何成年人作出反应,行为障碍在很大程度上由环境刺激和/或环境方面的不足引起。	出生至3个月
婴儿开始选择并积极寻找依恋对象。行为包括放松、微笑、抓紧、举起手臂。	3个月至6个月
陌生人焦虑症。婴儿可以区分依恋对象和其他成年人,并对这些成年人表示恐惧或高兴。开始学会移动,即向主要照料者爬行或远离主要照料者。	6个月至1岁
语言和社会意识发展。婴儿寻求并发起社交互动是为了自己的利益,而不仅仅与满足核心需求有关。	1岁以上

依恋理论的大部分发展归功于玛丽·安斯沃思的工作。安斯沃思提出了测量和评估儿童依恋质量的方法。最著名的方法之一是陌生情境测试,测试中一个6—12个月的婴儿与

母亲短暂分离了8次。每次分离后，研究者观察和评估婴儿对母亲返回的反应，然后根据三种笼统的依恋类型对婴儿进行分类，即安全型依恋、不安全-回避型依恋和不安全-矛盾/抵抗型依恋，并在这些类别中作进一步分类。尽管有人批评这项测试没有考虑到儿童养育的文化或社会因素，而且相当简易和局限，但是该测试的确有助于评估儿童在不同照料情况下的幸福感。

许多与儿童的照料和健康有关的专业人员使用依恋理论。但是，该理论也受到了激烈的批评。一个主要问题是，它可能被粗略和过于笼统地使用，以支持政府的政治和经济目的。把一个人心理发展中的所有问题都归因于其体验到的母爱的质量，这种观点没有考虑到许多其他因素和影响，如可用的物质和社会资源、其他有爱心的重要成年人、儿童早年所处的地域和文化，以及儿童的生理特性。

如今，人们普遍接受对依恋理论的三个主要修正：

（1）最好将与年龄有关的依恋阶段视为关键期，该关键期可能会因儿童以及社会和文化背景的不同而有所差异。

（2）可能存在多于一人的关键依恋对象，通常是母亲。

（3）个体日后的牢固关系和一生体验的情感经历会促进

其心理发展。

第三点在温尼科特的观点对心理治疗师的影响中显而易见。治疗师力求重塑早期理想的母婴关系的品质，以此治疗大童和成年人，使他们身心健康。本质上，这种理想的关系提供了爱和嬉戏——温尼科特称其为"游戏空间"，并鼓励独立和自我意识。

> **重要知识点**
>
> **依恋理论的重点**
>
> • 儿童初始的核心关系是与父母（通常是母亲）的关系。
>
> • 第一份关系是人一生中所有后续关系的模板，对儿童的情感、心理、社交和整体福祉至关重要。
>
> • 儿童与父母之间依恋的质量对儿童理解社交互动和处境，发展人际关系、语言和情感的能力至关重要。
>
> • 第一份关系的质量关涉对儿童需求的敏感性，而且应具有持续性和可靠性。
>
> • 评估和理解儿童相对于其年龄的依恋和相关行为，可以作为治疗的基础。

- 依恋理论的发展表明,母亲不是唯一的依恋对象,"足够好"的养育才是关键,而且个体一生中的关系都有助于其心理健康和幸福。

12. 毕生发展心理学

埃里克·埃里克森出生于 20 世纪初,是丹麦/德国裔美国发展心理学家。他接受过精神分析训练,并以其社会心理发展阶段模型而闻名。将这一丰富的理论放在本节中是因为埃里克森的背景,他对弗洛伊德观点的运用,以及对人类发展的情感和关系的强调。他的主要著作《童年与社会》于 1950 年出版。他在这本书中提出了社会心理发展阶段模型的核心思想,阐述了个体一生中遇到的主要挑战和成长点。

埃里克森对童年有一些强烈而充满希望的观点:

> 人类有漫长的童年;文明使得童年变得更长。

他认为个体的生命早期是人一生发展和幸福的关键,并认为这种发展发生在与个体年龄相关的宽泛阶段,该阶段建立在上一个阶段的基础上,并影响下一个阶段。同时,他认识到儿童有韧性,能够接受不完美的生活并从中学到东西:

儿童反复"崩溃",却不像矮胖子(Humpty Dumpty,英文童谣中的角色),他们又重新长大了。

他还认为,家庭和社会结构是保障儿童有能力寻获心理健康和成熟的根本:

> 婴儿手无寸铁,他们拥有作为引路人的母亲、保护母亲的家庭、支持家庭结构的社会、为抚育和训练系统提供文化连续性的传统。

因为这是一本有关儿童心理学的书,所以我们将探讨埃里克森提出的婴儿、儿童和青少年必须经历的前五个阶段。但是,成年后的其余四个阶段也值得一读,因为根据生涯理论,成年人的社会心理发展和福祉是确保儿童获得同样幸福的关键。

埃里克森提出的第一个阶段是婴儿期,即从出生至大约18个月到2岁的时期。这是一个以照料者为依托的生活阶段,是复杂的心理发展的开端,如思想、语言、运动和社会学习。

婴儿面临的关键社会心理发展挑战是**信任**对**不信任**。理想情况下，婴儿或学步幼儿将了解到他们可以信任主要照料者，这些照料者在大多数方面代表着他们全部的世界，可以满足他们的所有需求，保证他们的安全，让他们得到关爱。没有这些经历的婴儿可能会产生不信任感。

你是否观察过一个开始爬行的婴儿对某些实际上安全的事物表现出明显的恐惧？这个孩子已经以某种方式得知，这种情况和／或活动是不可信的。以前的一些经验告诉他们不要信任他人。你能否分析思考一下孩子之前遭遇过什么，这些事件现在对他／她有什么影响，今后他／她如何才能建立起更适当的信任？

第二阶段集中在婴儿晚期／儿童早期，即大约18个月至2到3岁。这个阶段的关键社会心理挑战是**自主**对**羞耻/怀疑**。在此阶段，孩子变得越来越有能力满足身体上的需求，如上厕所和一般的身体运动。这使他／她活跃于探索和体验世界。对孩子和父母来说，这或许都是艰难的时刻，而"可怕的2岁"一词抓住了这一点。父母可以安全合理地支持孩子的探索和选择，这将使孩子有更多的选择和表达能力，并拥有更多自主权，但是不敏感和喜欢控制的父母会灌输耻辱和怀疑感。

试一试

现在是晚饭时间。你2岁的孩子正与你以及其他家人坐在餐桌边上。你已经准备了每个人的最爱,如烤鸡和烤土豆。除此之外,还有胡萝卜、甜玉米、豌豆以及一些肉汁。你如何确保孩子不但吃得好,而且在吃什么和吃多少方面有发言权并作出选择呢?

你也许会尝试将每种食物少量放在孩子的餐盘上,然后对自己的餐盘做同样的事情;讨论食物的不同口味、质地和外观;谈论如何准备食物以及食物的来源;询问他们最喜欢什么,并谈论自己的喜好以及为什么即使吃少量不同的食物也很重要。如果你的孩子偏爱某种特定类型的食物,请在吃完所有食物后再提供更多。尝试使进餐时间尽可能轻松、稳定和友善。重要的是,每个人,包括做饭的人,都应享受晚餐。

第三阶段从3岁(儿童早期)持续到5岁(学龄)。儿童的运动和认知能力继续发展,并开始在游戏和绘画中表现出想象力。通常,孩子的好奇心和探索世界的愿望是显而易见的。埃里克森认为此阶段面临的挑战是**主动**对**内疚**。好的养育方式会以适合孩子年龄的安全方式去认可并支持孩子，培养其主动性。相反，打击孩子的热情并批评他们的想象力的父母可能会使孩子感到内疚。

> **实用小贴士**
>
> 你4岁的孩子有一个虚构的朋友，他们通常在独处时一起玩耍和聊天。心理学家发现这并非异常，实际上是认知、社会和情绪发展中短暂而有益的阶段。重要的是接受孩子主动地去创造这个玩伴，而不能使他们感到羞愧、内疚或不正常。如果孩子提到"他们的朋友"，最好的做法是承认并接受他们的"玩伴"，并且让他们知道这是一种"假想"，是他们玩耍的一部分。

第四阶段从 6 岁持续到 11 岁，即小学阶段。这是一个学习语文和数学等技能的阶段。儿童越来越多地去与外界的人接触，并开始了解他们所在的社会及其文化。成就和不断增强的自我控制能力是这个阶段的标志，埃里克森将关键挑战描述为**勤奋**对**自卑**。父母和教育者应使孩子体会到努力是值得且有回报的。如果他们不这样做，那么孩子很可能会感到自己"不配"甚至自卑。

实用小贴士

"抓住他们做好事的时刻"这个短语在任何时候都值得铭记在心,但是对6—11岁的儿童来说,重要的是不仅要抓住而且要对他们良好的行为作出反馈。如果你的孩子正好处于这个年龄阶段,那么你可以在他们展现出真正的努力或者表现很好的时刻给他们反馈。你需要说得具体一些,如"我"注意到/听到/看到你做了良好的行为,并表示高兴和自豪。不必给予实质性的奖励,你的积极反馈就可以使儿童感到被奖励。这将激发他们勤于学习和感到自信的倾向。

第五个也是最后一个阶段是青春期,对大多数年轻人及其家庭而言,这通常是一个复杂的时期。这个阶段将持续8—10年,从10—12岁开始,一直持续到成年初期。在这个阶段,青少年会经历身体快速发育、性发育,对独立、选择和隐私的要求增加。埃里克森认为这一阶段心理发展的关键挑战是同一性对同一性混乱。

这个年龄段的年轻人必须发掘自己是谁,他们想做什么和要成为什么样的人,探寻他们在世界上的位置。很多人在这个阶段停留了一段时间直到远远超出20岁,这并不奇怪。

理想的情况是,随着选择自由的增加和家庭的支持,年轻人将获得探索各种选择的机会。

试一试

还记得你十几岁的时候吗?大家通常都记忆犹新,因为这是一个充满强烈情感、冒险和混乱关系的时期。已经成年的你能给青少年时期的自己写一封信吗?

你能否表达你的感受,什么人和事物对你来说很重要,以及什么样的支持和信息是你需要的?你会发现这是一项丰富的训练,如果你的孩子正值青春期,那么你从这项练习中学到的内容是值得牢记在心的。

埃里克森的社会心理发展阶段模型的前五个阶段

年 龄	总体发展挑战	社会心理挑战
婴儿期: 出生—18/24 个月	依存性;思维、语言、运动和社会学习的早期发展。	信任对不信任
婴儿晚期 / 儿童早期: 18 个月—2/3 岁	越来越有能力满足身体需要,如如厕、体育锻炼和探索行为。	自主对羞耻 / 怀疑
儿童早期: 3—5 岁(学龄)	运动和认知能力不断发展,想象力和好奇心开始发展。	主动对内疚

(续表)

年　龄	总体发展挑战	社会心理挑战
儿童中/后期： 6—11 岁	识字和算术技能发展，社交和文化经历增加；寻求成就和提高自我控制水平。	勤奋对自卑
青少年时期： 10/12—20/22 岁	身体和性发育明显；寻求独立性、选择权和隐私权。	同一性对 同一性混乱

重要知识点

埃里克森生涯发展理论的重点

- 人的一生都在不断发展。

- 每个人都要经历与年龄相应的社会心理发展阶段。

- 每个阶段都存在特定的挑战，与该年龄段遇到的核心问题相关。

- 这种发展发生在人的社会和关系背景中。

- 心理功能健全的人进入每一个发展阶段时，都会学习和发展新的理解、与他人相处和互动的方式以及生活方式，抵达更高的心理健康水平，然后才可以进入下一阶段。

- 有些人可能会发现某些阶段及其相关的挑战特别困难并陷入困境，需要借助治疗和支持来应对挑战。

13. 个人建构理论

个人建构理论很难归类。尽管可以很容易地将其归入认知理论，因为该理论的重点是人的认知，但是我决定将它放在精神分析理论中，因为个人建构理论的创建者凯利接受过精神分析训练，并且他的理论非常适合用于个体治疗。

个人建构心理学通常被称为"凯利心理学"，因为它源自美国心理学家乔治·亚历山大·凯利。凯利的职业生涯为该理论以及应用心理学作出了贡献。与许多心理学界的重要人物一样，他的工作最初并没有在他的祖国受到极大的热情，而是在海外得到了发展。英国的创新心理学家，如唐·班尼斯特（Dom Bannister）和费耶·弗兰塞拉（Faye Fransella），他们的理论都建立在凯利心理学的核心观点之上，许多心理学家也在对儿童、年轻人和成年人的治疗中运用这些观点。

行为是人改变环境的一种方式，而不是证明人屈服于环境的方式。

——乔治·凯利

与其他认知主义者一样,凯利认为与个体心理打交道,认可"人在生活中是充满活力且理性的"这一点非常重要。他批评"科学心理学"倾向专注于测量和对照实验,依赖对人口趋势的统计性概括。他认为探索个体的认知过程最能理解他们的思维和行为。凯利的理论基于**建构替代主义**的哲学立场,该立场具有以下核心观点:

(1)人们存在于现实世界。

(2)世界上所有元素和过程都是互相关联的。

(3)这些不同方面之间的关系是不断运动和互动的。

(4)每个人对这个世界都有一种独特的、个性的和无限变化的体验与看法。

> **实用小贴士**
>
> 随着儿童的成长并更有能力表达他们关于世界的构想,你将听到更多他们独特的观点。以开学为例,即便是来自同一家庭,年龄相同,有同样的社会文化背景或其他共同境况的儿童,也会有不同的期望和经历。在早期,他们可能会非常清楚地表达这些。你能否将你的孩子对初次上学的经历的评论和描述与另一个孩子的进行比较?它们在哪些方面相似?又有何不同?

儿童心理学理论（如皮亚杰的阶段发展理论和弗洛伊德的性心理发展理论）认为，每个儿童会在相近的年龄经历相同的阶段。个人建构理论侧重于个人的感知能力，认为存在各种各样的个人经验和感知方式。最重要的不是儿童处于什么阶段，而是父母聆听和理解的质量。通过这种方式，父母可以最有效地给予儿童支持、宽慰或帮助。

凯利的主要研究集中在他62岁逝世前的20年中，他生前并没有建立关于儿童的个人建构理论，但包括英国教育心理学家菲利达·萨尔蒙（Phillida Salmon）和汤姆·拉文奈特（Tom Ravenette）在内的其他学者已经开始了这一探索。萨尔蒙撰写了有关个人建构理论的文章，认为它提供了一种了解与儿童一起工作或照顾儿童的成年人的方式，并最终能够洞察儿童的学习和早期建构的能力。

凯利提出的一个非常重要的想法是，每个人的行为和在世界上的生活方式都基于一套个人建构：**一套个人建构系统**。这些建构是个人独有的，比信念或规则要复杂得多，并根据我们的经验不断变化调整。人们将它们描述为认知"模板"或"镜头"，并通过这些"模板"或"镜头"体验生活，以此为基础塑造自己的行为，并预测自己的行为选择可能造成的后果。

建构基本上是可预测的。因此，当我们认为一个人诚实而非不诚实时，我们实质上是在预测，如果借钱给他，他会还钱……正因为我们的建构是预测性的，所以我们每个人的建构系统都处于不断变化的状态。

——唐·班尼斯特

每个人的行为都是他们的建构在不同时间和场所下可观察到的表达。随之而来的可能性是，如果可以帮助人们了解自己的建构，他们就可以积极主动地进行调整并发展出更有效的行为，以实现心理健康和幸福并最充实有效地生活。显然，这对父母及其子女而言可能是有益的，因为烦琐的育儿工作有无数种方法，而个人建构论在帮助个人和家庭找到适合自己的方法上非常有用。

试一试

"启发建构"练习

问自己一个问题：如何形容一个好父母？仅允许你同时使用三个描述性单词或短语作为答案。只需说出你即刻的想

法。在你拥有了三个单词或短语后问自己:

没有某一种素质或特征的父母会是什么样的?例如,你可能会说一个好父母是"关怀的",而一个"不关怀的"父母是"冷酷的""冷漠的",或者"严厉的"。我可以继续举例,但这可能会影响你的回答。最重要的是,你所作的答复反映出你的个人建构系统与父母/家教的关系。

如果你尝试与其他父母一起做练习,你将会看到,人们几乎不会作出完全相同的描述。当然可能有些相似之处,但是两个人的用词可能不太一样。建构包括两个方面:突现极(emergent pole),即要表达的第一个方面,如"关怀";对比极(contrast pole),即与突现极对立的方面,如"冷酷"。这就是一种建构:关怀的/冷酷的。

可能会有一些关于建构的非常有用的对话和技巧,你将在以后阅读更多内容,以构成这些对话并探索建构。

你刚刚完成的练习体现了凯利关于**"作为科学家的人"**的观点。凯利认为,每个人的行为都可以比作一个实验,在该实验中,建构系统以连续解决问题的模型在世界上进行测试。他明确指出,理解行为和互动不仅仅适用于心理学家:

对人类活动的抽象和概括并不是专业心理学家的特权。他们做的事情，任何人都可以做。的确，每个人都能这样做！心理学家研究的每个人都是能自己抽象和概括的，因为每个人都比任何其他人更加了解自己、自己与他人的关系以及自己的价值观。

基于这些思想，人们开发出许多用于面对面工作的复杂的访谈和治疗技术，甚至计算机程序。所有事物的核心是该问题的实用性，正如拉文奈特所写的，它是"两个人之间的桥梁：双向交流的微妙而必要的手段"。

上面的"启发建构"练习是了解个人思维和行为的简单示例。以关于养育子女的关怀性/冷酷性为例，还有另一种技巧：**欣克尔的梯子**（Hinkle's Ladder），即一旦某种建构被提出，就对提出者进行更深入的询问——为什么该建构的一个方面（关怀/冷酷）很重要。以下是使用此技术的个人建构心理学家的示例：

个人建构心理学家（personal construct psychologist,

PCP）:"因此，当我问你如何形容好父母时，你说他们应该是关怀的而不是冷漠的。你能告诉我为什么关怀很重要吗？"

父母:"做父母很重要的一点是要学会关怀，孩子会因此感到安全。"

PCP:"你如何形容一个感到不安全的孩子？"

父母:"依赖性强，得不到帮助和鼓励就无法应对（困难）。"

PCP:"那么，你会选择一个有安全感的孩子还是一个依赖性强的孩子呢？"

父母:"好吧，我猜是有安全感的。"

PCP:"为什么让孩子感到安全很重要？"

父母:"他们会更加独立。"

PCP:"那么，一个不独立的孩子会怎样呢？"

父母:"软弱且需求多。"

PCP:"你会选择哪种孩子：独立的还是软弱且需求多的？"

父母:"好吧，实际上，我想我可能会选择软弱且需求多的。"

PCP:"为什么希望孩子软弱且需求多?"

父母:"他们需要父母,父母对他们来说很特别。"

PCP:"那么,一个不需要父母并且不觉得父母很特别的孩子会怎么样呢?"

父母:"他们会求助于任何人,而不仅仅是父母。"

这个例子完全是虚构的,展示了一个人的建构系统可以有多么复杂,而且常常自相矛盾。

试一试

1. 选择一个你认为能形容好父母的单词或短语。

2. 如下页那样画表,然后在A空格中填入你的词语,如"关怀的父母"。

3. 在B空格中填入一个词语以表示相悖于A的父母,如"冷酷的父母"。

4. 接下来,思考为什么A很重要,然后将你的词语填入C空格中,如"有安全感的孩子"。

5. 现在描述C的反义词,并填在D空格中,如"需要安慰的依赖性强的孩子"。

6. 在C和D之间进行选择,并说明为什么作出这一选择。在上面的例子中,我们选了C,而描述其重要性的单词是"独立"。将其填入 C 空格上方的 E 空格中。E 不需要加下划线,因为它不是该建构的极。被选择的建构的极都带有下划线。

7. 想出 E 的反义词并将其填入 F 空格中。

8. 在 E 和 F 之间作出选择并说明理由。F 有下划线,因为它是建构中被选择的那一边。

9. 无论你选择哪一个极,都将你的词语填入被选择的极上面的空格中。在这个示例中是 G。你会注意到,此时你已切换到表格布局的另一侧。在试图理解个体的建构系统的过程中,这种不断的变化很重要。

10. 描述 G 的反义词并填入 H 空格。

继续……

H	G
会向任何人求助的孩子	父母对孩子来说特殊且必要
E	F
独立的孩子	软弱且需求多的孩子
C	D
有安全感的孩子	需要安慰的依赖性强的孩子
A	B
关怀的父母	冷酷的父母

这是一个非常复杂的过程，也是在训练有素的个人建构心理学从业者（通常是专业的心理学家）指导下进行比独自进行更可取的原因。重要的是提出中肯的、真正开放的问题，有系统地推进整个过程，并作详细记录。

这种深入的询问可能会持续一段时间。从上面的示例中我们可以清晰地看出什么对于这位家长很重要。查看总结此对话的表格，它停留在一个有趣的节点，因为在这个虚构的例子中，父母开始看到孩子的独立性低的一些好处。如果对话继续，他们可能会说："因为孩子很小，我，作为父母应该被需要。"它取决于儿童的年龄和成长或者特殊需要，取决于父母儿童时期的经历和/或作为父母的经历、家庭和社会传统以及许多其他因素。这个例子说明了如何通过探索个人的建构及其背后的更深层含义来获得大量有用的信息。据此可以改变人的思想和行为。它也非常清楚地展示了父母和孩子的需求实际上是如何交织在一起的。

如前所述，这样的对话最好在专业实践的框架内进行，并只在探索其建构的个人希望被探索的情况下进行。你也可以选择私下尝试，去思考自己的建构并通过这种方式对自己提问。

个人建构理论也有批评者，他们认为，关注个人心理学的问题过于耗费劳力，没有足够的心理学家和治疗师为可能因此受益的每个人进行治疗和咨询。另外，该理论也不能概括或解决大规模的社会问题。凯利并未对通用建构（团体、组织或人类拥有的普遍建构）的概念进行理论化，尽管他确实认为相似意义的模式或主题存在于群体中。个人建构理论还处于不断变化和发展的状态，以后可能还会出现新的有趣的观点和工作方式。

> **重要知识点**
>
> ### 个人建构理论的要点
>
> • 凯利创立了个人建构理论，其思想基于建构替代主义，即世界是不断变化的、交互的、真实的，个人的经历是独特的和个性化的。
>
> • 个人建构理论提供了一种探索个人认知过程的方法，以弄清人的思维和行为。
>
> • 每个人都有自己的一套个人建构——一个个人建构系统。这些对个人而言独特的建构比信念或规则复杂得多，它们不断变化并适应我们从经验中学到的知识。

- 在个人建构理论中,了解个人如何以及为何这样理解自己的经历比发展阶段更为重要。
- 每个人都是关于自己的科学家,每个人都在不断测试自己的行为,以此来检验自己的个人建构系统。

行为主义

14. 巴甫洛夫的经典条件反射理论

> 行为主义者把所有中世纪的观念都抛到一边。他们从科学词汇中删除了所有主观术语,如感觉、知觉、形象、欲望,甚至思维和情感。
>
> ——约翰·B. 华生(John B. Watson)

在 19 世纪末期,最早的心理学是基于这样一种信念,即人类区别于所有其他生物,人类具有意识,因此人类与动物不同,而且更加复杂。1913 年,约翰·B. 华生提出了一种全新的理论,即**行为主义**。他坚持认为应该放弃对人类心理过程的研究,将重点放在人类的可观察性(最好是可衡量的行为)上。华生不仅对构建宏大理论感兴趣,而且认为心理学应该最终集中在行为的"控制和预测"上。华生的行为主义基于以下主要思想：

（1）思维、情感、愿望和期望（"心理过程"）无法确定或解释人们的行为。

（2）行为来自条件，即世界经验。

（3）对行为主义者而言，学习只是因环境经验而获得的新行为。

（4）人类本质上是生物体。

（5）人类没有自主的行动，只是对他们日常生活中的经验和条件作出反应。

这些行为主义的观点认为，研究动物的行为可以了解和控制人类的行为。因此，许多早期的行为主义知名研究涉及诸如狗、大鼠和鸟类等动物。尽管华生最早的研究因挑战了当时的哲学和宗教信仰而遭到了批评，行为主义理论还是得到了发展，并成为20世纪初许多英美心理学的核心。

批评仍在继续，主要集中于人类行为和人类社会过于复杂，以至于无法与动物相提并论；而使用动物的实验室实验专注于生理方面，忽略了内部过程以及人的主动性和责任心，过于简单化和人为。即便如此，行为主义确立了在心理学中对行为进行科学研究的重要性，并创造了许多非常有用的方法和技术。本部分通过叙述关键贡献者的研究来探讨行为主义。

伊万·巴甫洛夫

伊万·巴甫洛夫（Ivan Pavlov）生于俄罗斯，年幼时曾受重伤，因此，他童年的大部分时间都与父母一起在家庭宅院中度过。他发展了一系列实践技能，并对自然历史产生了浓厚的兴趣。他对科学以及利用科学改善和改变社会的可能性充满激情。他在大学学习医学，并直接从当时的著名生理学家那里学习到了有关神经系统的知识。经过多年对动物的神经生理学实验，巴甫洛夫越来越相信可以用生理（物理和生物学）术语而不是"心理主义"（思维和/或感觉的内部过程）来更好地理解和解释人类的行为。

巴甫洛夫最著名的实验是他给狗喂食来证明他的许多重要观点。在这些实验中，他会在给狗喂食之前敲响铃铛。巴甫洛夫发明了一种收集和测量狗在听到铃铛时产生的唾液的方法。他发现一旦训练狗将铃铛的声音与食物相关联，无论是否紧随出现食物，狗都会产生唾液。这表明狗的身体反应（唾液分泌）与作为刺激的铃铛直接相关，因此唾液分泌是**刺激反应**。狗在没有任何食物的情况下听到铃声时也能持续增加唾液的分泌，则被称为"**条件反射**"。这整个过程是**经典条件反射**的一个例子，即身体通过联想而学到某些条件下的自发性生理反应。行为主义理论将这些思想用于解释人类行为。

如下文所示，巴甫洛夫认为儿童的神经系统和生理状况被条件化以满足生物学上的需求：

> 显然，各种习惯均基于训练、教育和纪律，它们只是一长串条件反射。

例如，儿童可能会期待某种食物，而他们的食欲和饮食行为将取决于该食物。你怎么看？

实用小贴士

绝大多数流行的育儿建议都强调习惯的重要性。这与行为主义原则有关：人类与其他动物一样，具有生物学上的需求，必须定期且始终如一地满足他们的整体福祉。如果把一些基本的事情，如饮食、洗衣服、穿衣服和上厕所等养成习惯，那么会使带孩子的日常生活变得容易得多。有些内隐习惯你几乎无法在它们被破坏（或者因为某些原因采取不同做法)前意识到。尝试设想一个必须更改惯例并考虑其影响的场合。例如,你可能养成了给孩子在早餐时吃某种食物的习惯,有一天你发现自己用完了该食物,孩子会如何反应?他们会表现出什么行为?他们吃得和往常一样多吗?孩子是否需要其他特别的鼓励或帮助来进食?

15. 斯金纳的操作性条件反射理论

美国心理学家 B. F. 斯金纳（B. F. Skinner）认为，只有可观察到的行为与外界刺激之间的联系才能用于对行为和学习进行科学的心理学分析。他通过动物实验发展了巴甫洛夫的观点，并且以**操作性条件反射**理论而闻名（见下文）。他不同意华生早先的观点，即私人经历、思维和情感不在行为主义理论考虑的范围之内。他认为条件反射的过程既适用于私人行为，也适用于公共行为。

斯金纳通过他的生活方式来举例说明他的理论。例如，他为女儿建造了一张婴儿床以提供恒定、受控、平衡的物理环境，体现了他对儿童发展的观点来自临床经验。面对一份说孩子缺乏学习动机的学校报告，他回应说，事实上缺少的是教师的强化。

斯金纳制定了一些雄心勃勃的计划以将其理论应用于教育。他运用操作性条件反射的观点设计了一种"教学机器"。这种机器被设定为，当学生成功掌握了一个知识单元，就会得到适当的奖励。出乎意料的是,这种想法非常流行,以至于有大量的公共资金投入其中。毫不奇怪的是,实践证明机器的效果有限。"应该教什么?如何传达这些知识?"这个古老的问题从未得到解决。用斯金纳的话说,他的"教学机器"已经熄火了。

斯金纳强调负责生活或学习环境的人所具有的力量和控制力,这点在他的实验中显而易见。他因对老鼠和鸟类进行的多项研究而闻名,在这些研究中,他通过剥夺或者奖励使动物以某些方式作出反应。在最早的老鼠实验中,他试图回答一个问题,即可以控制环境中的哪些条件以塑造老鼠的行为。他使用了多种设备进行实验,其中最有名的是迷宫。简单说来,这些迷宫放置有食物,但是老鼠只有按下特定杠杆才能进入有食物的区域。他还发明了用于鸽子实验的盒子。与老鼠的迷宫一样,这些"斯金纳盒子"里装有食物颗粒,鸽子必须啄杠杆才会获得食物。他发现鸽子会在食物释放结束后继续啄杠杆,但经过一段无果的啄食期(他称之为"**消退期**")后就会放弃。因此,通过操纵鸽子所处的环境,即提供食物或取消食物,他就可以**调节**或**消除**这种行为。斯金纳识别并命名了这种**操作性条件反射**涉及的四个行为阶段,即剥夺、满足、调节和消退。

实用小贴士

回想一下你的孩子小时候想要什么东西（如一块巧克力）而你觉得他/她不应该拥有那个东西的情景。孩子尝试获取巧克力的时间可以称为"剥夺期"。在这个阶段，孩子将尝试多种行为以实现他们渴望达到的目标。他们可能会接近它，要求、哭泣或尝试直接从你的手中夺走它。然后，你可能会让孩子知道，只要不去抓巧克力而是静静地坐着，就会获得奖励。如果你能维持这一策略并持续奖励他们的行为，那么他们最终会感到满足，并且可能会感到无聊并寻求其他活动，以行为主义的方式说，即寻求刺激。下一次遇到同样的场景时，孩子已经学会了获取巧克力的必要条件。按照斯金纳学派的说法，由于孩子已经被**条件化**，他们甚至都不会尝试哭泣、要求和抓取；相反，他们会静静等待，即便不是每一次都能得到巧克力。但是，条件行为持续一定时间就会消失，而旧行为或其他新行为（如趁你不注意偷吃甜食）将会出现。

行为主义理论是从动物实验而不是对人类行为的直接研

究中发展而来的，因为人类行为和人类社会世界太复杂而无法真实复制和控制，而这对于行为主义理论的检验至关重要。还有伦理道德方面的因素需要考虑，如可能对人类的身心健康造成伤害，这也是为何纯粹的激进派斯金纳主义不应该在儿童身上进行试验。即便如此，行为主义思想已被广泛用于支持儿童的发展和学习。

在我作为教育心理学者的工作中，我看到许多教育专业人员，尤其是那些规范儿童行为的从业者，都采用了这种思想。你应该已经通过流行的育儿电视节目有所了解。例如，星星奖励表（star charts），这种监测和奖励儿童行为的系统将儿童的活动分解为可以被观察和记录的行为。重要的是，它向孩子清楚地描述他应该做什么，并让他意识到，他做到了之后将获得星星贴纸作为奖励。该策略可以进一步扩展，如果孩子的年龄够大，可以理解等待的意义，就可以告诉孩子，当他获得一定数量的星星时会获得更大且更有意义的奖励。换句话说，儿童期望的行为一旦得到认可和赞扬，儿童就会有动力和条件去做更多的事情。"调皮的台阶"（naughty step）是处理儿童行为问题的另一种方法，旨在消除不良行为。例如，如果上例中的儿童在未经允许的情况下继续吃巧克力，他会被带到楼梯间指定的台阶上，在此处坐一段规定的时间，与其他人分开，而且不能进行其他有回报性的活动。

作为成年人，你能联想到你的某些行为是因为受益才继续进行吗？你能联想到其他因为会受到惩罚而不去做的行为吗？在我们当今生活的社会中，许多规则和法律框架都满足斯金纳操作性条件的原则，但与此同时，该理论并未涵盖人类生活的所有方面。查看以下清单，并确定行为主义理论是否足以解决这些问题。

- 能否以可衡量的单位去组织和观察人类行为？
- 在理解人类行为时，是否应该考虑他们的价值体系和信念？
- 个人的良心在行为选择中起什么作用？
- 大型社会组织和社会文化在个人行为中扮演什么角色？
- 能够影响他人行为的拥有较大权力的人是否总是值得信任？
- 一个人（尤其是儿童）被剥夺某样东西时，能够保持希望多久而不放弃？
- 在理解和控制行为时，可以完全忽略神经心理学（脑部结构）吗？

你对这些问题的回答很可能与对行为主义理论的批评非常相似。即便如此,行为主义理论的重要观点在系统地观察行为方面依然作出了贡献,并能利用观察所得的知识去帮助解决有问题的行为,促进积极的行为。

现在,让我们简要介绍一下统称为"**行为矫正**"的一些方法。这些方法以行为主义理论为基础,并且专门应用了斯金纳的观点。行为矫正已经在帮助儿童和年轻人在学校和家庭环境中发展出更理想和更具建设性的行为方面取得了一些成功。

首先,需要对特定行为进行系统的观察与分析。它的严格形式被称为"**应用行为分析**"(applied behaviour analysis,ABA),通常只有专业人员(往往是心理学家)才能使用。通常,父母或教师还有很多其他事情需要关注,他们不能以最剥离、最客观和最精准的方式去分析行为。

一旦确定了需要矫正的行为,就可以创建时间表去实现这个目标。时间表通常包含目标、进度记录、评估和奖励。正如我之前提到的,星星奖励表已成为许多育儿电视节目的日常工作,并且取得了喜忧参半的短期成效,也确实体现了行为矫正计划的某些方面。在学校中,教师会使用各种奖励,如班级得分、团队得分、黄金时间、自由选择以及个人和班级奖励。大多数教师认识到外部奖励对良好行为的作用有限,随着时间的流逝,应使儿童能够发现自己更好的行为,从而获得更多的内部奖励。理想情况下,应该让儿童和年轻人参与制定计划,让他们亲自设定自己的目标和目的,监控和记录自己的进步,并选择那些对个人有意义的奖励。

试一试

假设你的孩子已经十几岁了。选择他们真正想改变的生活方式的某个方面,如从事新的体育活动、业余爱好或压力管理活动。重点在于承担而不是放弃。首先,假设你是他们的生活教练,让他们花一个星期观察和记录如何度过闲暇时光。接下来,确定他们可以用新的生活方式替代什么,从而设定一些目标。这些目标应该是"SMART"的,即**具体的**(specific)、**可测量的**(measurable)、**可实现的**(achievable)、**现实的**(realistic)和**限时的**(timed)。也许他们想去跑步。目标应该是适度的,因此,每周可能要减少一些打游戏和看电视的时间用于快走。如果这在第一周有效,则可以在步行时插入一两分钟的短跑。如果可行,则可以将更多的步行时间用于跑步,之后或许每周可以多锻炼一次,以此类推。这是行为矫正程序的一个示例,该程序运用**自我管理**的原则并以成功为基础。对更小的儿童可以使用更简单的流程,只要目标行为和奖励对儿童而言是有意义且可行的。

> **重要知识点**
>
> ### 行为主义理论的要点
>
> - 从理论和应用心理学的角度来看,人类行为和思维唯一值得研究和干预的地方是行为的观察与测量。
> - 行为以人在世界上的经历为基础。
> - 人类是与其他动物一样的生物。
> - 人类不会有意识地采取行动或作出自由选择,而是基于日常生活的经验作出反应。
> - 行为受到奖励会使人做出更多的被奖励行为。
> - 不被奖励的行为会停止或减少。
> - 行为矫正(包括应用行为分析)采用观察、监测、记录、设定目标以及旨在改进行为的奖励等干预措施。

16. 社会学习理论

社会学习理论被普遍视作行为主义理论与认知主义理论之间的桥梁，它不能被归为单一的一类。社会学习理论（也称"社会认知理论"）由加拿大心理学家阿尔伯特·班杜拉（Albert Bandura）提出，它扩展了人的行为受环境影响的观点，认为人的期望、信念、思想以及他人行为的示范都与环境相互作用，影响人的行为。

观察学习对人的发展和生存来说是必需的。因为错误可能会付出惨痛的代价，如果只能通过自己试错去学习，人将难以生存。

——阿尔伯特·班杜拉

班杜拉认为学习主要在观察和模仿他人中发生。对儿童（尤其是低龄儿童）来说，学习的主要榜样是家长和照料者，而孩子的投入程度、注意、记忆和动机都取决于社会学习。

前文提到的那个被狼抚养长大的儿童（见第29页）为我们提供了生动的例子，即榜样如何影响儿童的学习和发展。维果茨基的理论也与班杜拉关于社会学习的观点有密切联系。

> **关键词**
>
> **榜样**——一个人展示出的行为、态度和行为结果为他人提供了学习的范例。

案例研究

班杜拉的理论暗示，人的行为并不一定反映人的知识。试着回想这样的一次经历：某次考试或面试中，自己明明知道的东西却没有表现出来。你也许非常焦虑，感觉不太舒服，或者听错看错了题目。因为没能很好地调节这些状况，你没有展示出自己真正的实力。

儿童和青少年经常遇到这种状况。例如，我认识很多在关键升学考试中失利的年轻人。失利的原因包括家长施加压力造成的紧张、想去另一所学校和朋友们在一起而缺乏动力、失眠、生病、语言或者理解能力问题、没有被发现的学习障碍，等等。

班杜拉的另一个理论——**交互决定论**认为，不仅人的行为受到现实世界的影响，现实世界也受到人的行为的影响。很多青少年聚在一起时往往显得吵闹且有攻击性，很多人认为这就是典型的青少年行为，但他们并不是在所有情境中都这么喜欢喧哗。社会期望、刻板印象和情境因素的力量是可观的。

想一想

想象一个孩子要在一盒粉色积木和蓝色积木之间作出选择。你觉得孩子的性别会对选择的结果产生影响吗？如果孩子此时是独处，或者和一群孩子在一起，会对选择的结果产生影响吗？你认为孩子的年龄、抚养方式以及家长对孩子性别意识的培养，会对选择的结果产生影响吗？

班杜拉理论中的另一个概念叫作"**观察学习**"，包括四个阶段：注意、保持、再现和动机/强化。

案例研究

儿童期学习的挑战和社会学习理论的应用

卡勒姆（Callum）6岁了，他正在学习踢足球。他对足球的关注来自父母对足球的热爱,他喜欢学校里那位受雇于当地足球俱乐部的教练,他的朋友们也对足球充满热情。教练为他展示了很多足球技巧,并且确保他能近距离看清正确的动作。教练也鼓励他通过电视或者去当地足球俱乐部观看足球比赛。卡勒姆足球技巧的保持源于他拥有反复练习的机会。教练也鼓励他通过口头表述的方式识记技术要领(例如,看向踢球的方向,绷紧身体和脚,然后低头,专注于把球踢出去),或者是观看著名球星踢球的图片。他也鼓励卡勒姆在脑中重复踢球的动作。根据社会学习理论,在自动再现阶段,卡勒姆需要不断重复练习他的新技能直到他可以流畅地再现它们。他依旧需要教练的指导(尤其是在精细化动作上),直到他对踢足球的自信和能力逐渐建立起来。动机/强化阶段要求卡勒姆感受到从练习足球技巧中受益。他的父母来看他踢比赛,他也许踢进了一个球或者做了一个精彩的传球,其他的孩子为他欢呼。他的教练也夸奖他。没有这些积极的反馈,他不太可能继续训练,打磨球技。如果其他孩子嘲笑他,认为他是个糟糕的球员或者不想和他踢球,他不太可能会作为一名足球选手继续练习并成长。如果他看到了踢好足球的正面影响(例如,踢好足球的人受到了高度评价),这会强化他想要练习足球的信念。最终,如果一切顺利,他会体验到自我强化,每次踢足球的成功经历都会激励他坚持踢下去。

试一试

卡勒姆的例子向我们展示了社会学习理论最理想的过程。你能想到童年时的类似经历吗?回答下面这些问题:

- 你的注意是如何被唤起的?谁鼓励了你?他们做了什么?
- 你如何保持自己的新技能?你做了什么?他人做了什么?
- 你、他人或者环境是如何支持自动再现阶段的?
- 你的动机是如何被强化的?

你的成功学习经历也许受到了重要的成年人(如父母或者最喜爱的教师)的影响。班杜拉的社会学习理论认为成年人对儿童有重要影响,这在他的波波玩偶实验里得到了体现。

案例研究

在波波玩偶实验里,幼儿在成年人的影响下和玩偶玩耍。

其中部分幼儿目睹了榜样的攻击性行为。攻击性行为包括踢、揍充气玩偶以及用玩具捶打它的脸。所有受到攻击性榜样影响的幼儿（尤其是男孩），都在随后的独自玩耍中展示了包括语言和非语言在内的更多攻击性。此外，如果榜样是同性别的，幼儿会展现出更高的攻击性（例如，男孩在观看了男性榜样的攻击性行为后会更有攻击性，女孩同理）。

尽管实验因样本量小和幼儿全部来自白人中产阶级家庭而受到质疑，在当时仍十分轰动。有趣的是，尽管班杜拉被认为是连接了行为主义理论与认知主义理论的人，他从波波玩偶实验中得出的结论却充满了精神分析的意味。他认为儿童的攻击性增强是因为他们对与生俱来的攻击性的压抑减弱了，因为成年人的行为榜样导致儿童的社交抑制减弱，而儿童通常会在成年人的鼓励下成长。无论如何，社会学习理论的核心思想是儿童不仅从物质世界学习也从社会世界学习，并且儿童自己的思想和理解是关键。

重要知识点

社会学习理论的要点

• 班杜拉创立了社会学习理论,社会学习理论是连接行为主义理论与认知主义理论的桥梁。

• 人的行为不仅取决于人的环境经验,而且取决于人的期望、信念、观念以及他人提供的行为榜样。

• "榜样"一词用来描述人通过向他人展示行为、态度和行为结果而为他人提供样本,促进其学习。

• 交互决定论指不仅人的行为受到社会的影响,社会也受到人的行为影响。

• 班杜拉相信儿童主要从观察中学习,观察学习包括四个阶段:注意、保持、再现和动机/强化。

人本主义

17. 马斯洛的需要层次理论

人本主义心理学被视为继精神分析和行为主义之后心理学的"第三势力"。人本主义发展的关键人物是马斯洛、罗杰斯和阿德勒。亚伯拉罕·马斯洛(Abraham Maslow)被认为是人本主义的开拓者,他的主要贡献在于建立"以人为本"的心理学价值观。马斯洛认为精神分析过度关注精神病理学(如心理健康问题),而行为主义过于机械化,过度使用统计和实验研究。

马斯洛的观点被涵盖在他所提出的人类需要层次理论中。他认为所有人都存在基本的需要,心理学的目的就是帮助人们向需要金字塔的上层迈进,以满足最高层次的"自我实现",挖掘发展和进步的潜能。

```
          自我实现需要
          充分发挥个人潜能
        尊重需要
        在社会中的地位、责任和成就
      归属需要
      与家人、朋友和同事的关系
    安全需要
    法律、社会秩序、安全
  生理需要
  基本需要,包括饮食、住所、休息和睡眠
```

马斯洛的需要层次模型

试一试

回想孩子度过的最近一天,根据以下标题,按类别记录你为孩子做了什么或提供了什么:

自我实现需要
充分发挥个人潜能

尊重需要
在社会中的地位、责任和成就

归属需要
与家人、朋友和同事的关系

（续表）

安全需要
法律、社会秩序、安全

生理需要
基本需要,包括饮食、住所、休息和睡眠

人类至少有五种被称为"基本需要"的目标,简言之,即生理需要、安全、爱、尊重和自我实现。满足和维持基本需要以及某些对智慧的追求,是驱动人向前发展的动力。

——亚伯拉罕·马斯洛

马斯洛认为心理学的关注点应该是"寻常"的人类行为、思维和感受,以及人类在学习、发展、社会关系、伦理、道德、美学等方面的更高动机。

马斯洛对人类本性和家庭教养的观点非常乐观与积极。他认为只要满足人的核心需求就能让人健康发展,有能力面对发展中的挑战。

那些需要总是能够得到满足的人更能包容未来可能存在

的需要剥夺。那些过去曾被剥夺需要的人，在面对当下得到满足的需要时，其表现不同于从未被剥夺需要的人。

——亚伯拉罕·马斯洛

下面是马斯洛需要层次理论的一个简单例子。

案例研究

弗雷迪（Freddie）是一个刚开始上学的5岁孩子。从小他就被父母和祖母精心呵护。他们住在一个偏僻的地方，他以前很少有机会与其他孩子交流，基本上没有朋友。他的父母工作忙碌，很少有时间带他参加亲子活动，与其他孩子交流。他的祖母不会开车，因此她把所有精力都放在在家照顾弗雷迪上。不出所料，当弗雷迪开始上学，他遇到了很多困难。他从来没有经历过与其他孩子一起交流的挑战，比如说与同学分享、轮流玩耍、处理必须等待乃至自己不能如愿以偿的情况。虽然每个孩子都可能在这些事情上遇到困难，但是有些孩子在遇到困难时没有得到父母的关心和支持，更不容易渡过难关。

在弗雷迪的例子中，虽然他的生理需要和安全需要得到了满足，但他的社会发展没有被家人好好关注。除非他能够拓展自己的社会经历，如获得更多与其他孩子互动的机会，否则他很可能在学校里遇到困难，从而影响自尊心和自我实现的可能性。但愿通过学校与家庭的合作，弗雷迪的社会发展能得到更有效的支持，从而使他更好地成长。你能想到什么社交活动能让弗雷迪更好地去应对早期社交问题并从中学习吗？

18. 罗杰斯的理论

卡尔·R. 罗杰斯（Carl R. Rogers）是美国心理学家，他在多年的临床实践中建立了自己的理论。与马斯洛一样，他主张人性本善，认为每个人的天性是与社会和谐共处的，人人都能从自身经历中学习以达到**自我实现**。他认为自我实现是一个人接受自己的自我和经历、做真实的自己的过程。他认为，人在一生中（尤其是在早年）获得的高质量呵护、支持和同理心，是他们可以在连续不断的发展过程中运用其经验的保证。他还建议心理治疗师在与患者的工作中使用这些标准。

> **实用小贴士**
>
> 下次你与密友共处时，不妨一起思考你们相处的点滴，寻找包含以下特质的交流技巧或交流方式：
>
> • 同理心。例如，倾听和理解彼此的感受，分享自己的相似经历。
>
> • 接纳。例如，给予积极和无条件的尊重，并抑制自己

想要评判或者批评对方的冲动。

- 一致性。例如,展现诚实和真诚。

有的人可能会立刻说,这些例子突出说明了人同时实现这三个方面目标的困难。

例如,朋友之间经常发生这样一种情况,A 去询问 B 对诸如 A 刚开始的恋爱关系或 A 的新发型之类的事情的看法。怎样才能在这种情况下既给予"无条件的尊重"又做到"诚实和真诚"?解决这些问题的一种好方法是先问问自己:如果你是 A,你会想从 B 那里得到什么?只有做到对自己有同理心、忠于自己、自我接纳,你才更有可能也对别人展现这三种品质。

罗杰斯这种积极的态度同样扩展到他对生活各个方面的看法。他相信所有人都可以理解什么对他们来说是好的,并且有能力就如何生活作出明智的选择。例如,如果一个孩子吃了很多不健康的食物,他最终会感到不舒服,甚至会生病。于是,他将停止吃这种食物。虽然这种想法从短期来看很有道理,但它并没有解决这样一个现实问题,那就是现代生活让大量不健康的食物变得唾手可得,并辅以大量的广告营销,这可能会扭曲人类选择健康食物以保持健康和精力充沛的自然本能。罗杰斯对此的回答可能是，如果生产、供应和销售食物的人本着同理心、一致性和自我接纳的原则，这种情况将被自行纠正。不幸的是，现在的成年人的成长过程中，那些能够使他们安全地发展出自我价值感的条件并不存在，并且产生了恶性循环——但是要纠正它永远不会太晚！家长们尽可能在理想的情况下养育和照顾子女也许是一种方法。

案例研究

安东尼（Anthony）7岁了，抚养他长大的父母非常相信罗杰斯人类发展的自我实现理论。在婴幼儿时期，他得到了充分的爱和关心，他的核心需要都能得到满足。他茁壮、健康、快乐地成长。由于父母和其他家庭成员为他展示了很多积极的自我关注，他对成为独特的自己感到自信和值得。在父母的精心指导下，他会主动尝试学习并获得新的技能和知识，而不会害怕失败或感到自己能力不足。如果他一开始没有成功，在父母的支持下，他会把失败看作再次尝试的基础，从而去实现他的目标。当安东尼成功应对不同的发展挑战时，他的自信增强了，他能够应对更大的挑战。他的父母有时也会适度地奖励他，也总是认可并表达出对他是一个有价值而独特的人的看法。如果安东尼要求他在电视上看到的糖果或玩具或其他孩子可能拥有的东西，他的父母会听取并以非常谨慎的方式来决定什么是合理和适当的，并且试图解释他们作出决定的理由。随着时间的流逝，安东尼逐渐形成了同样合理和现实的价值观，以及一种强烈的**无条件自我关注**。

想一想

在上面的例子中，安东尼的父母避开了只"有条件地"给予积极关注的陷阱（罗杰斯称之为"**有条件的积极关注**"）。所有人，包括儿童，都在寻求积极的尊重和对独特自我的肯定。一些行为主义原则，即奖励和条件化，在罗杰斯的理论中很明显。他坚持认为，如果人的自尊与某些条件（如其他人或社会的价值观）联系在一起，人可能会让外部价值凌驾于自我实现或内在自我价值，这未必符合他们的最大利益。你能否回想起某个时刻，出于庞大的社会压力，或者受到利益的驱使，你做出了违背本心的行动？你可以想想生活的大部分领域，如人际关系、食物、酒精、时尚、消费品。从长远来看，这对你的自尊有何影响？

罗杰斯的大部分工作都是为了弥补他认为的正规教育体系的缺陷:

> 我认为,我们的教育体系无法满足社会的真正需求。我已经说过,一般而言,我们的学校是我们这个时代最传统、最保守、最死板的官僚机构,也最抵制变革。

这些言论出自他最著名的著作之一《80年代的自由学习》(*Freedom to Learn from the 80's*)。当时看颇为激进,毁誉参半。许多学者指责罗杰斯的工作缺乏有效性和科学严谨性,过于主观和理想化,但也承认罗杰斯关于学习的过程和基础,以及**体验式学习**的重要性的观点值得思考。这些观点在当今社会依旧适用。

罗杰斯提出的个人学习的主要原则是:

• 个人参与:涉及全人(whole person)的学习体验,包括情感和认知方面。

• 学习应该是自发的:学习者应该有强烈的探究心或好奇心。

- 学习应该是随处可见的：学习应该影响行为、态度和全人的各个方面。
- 学习应该由学习者依据其个人的价值标准进行评估。

试一试

比较你成年后的一段经历（如学习驾驶汽车或使用计算机或尝试某种你非常感兴趣的东西），与在学校学习的过程（如课程内容的一个方面，如代数、语法或科学公式），哪种经验更符合罗杰斯的原则？

19. 阿德勒的理论

阿尔弗雷德·阿德勒（Alfred Adler）是奥地利颇有影响的精神分析学家，他早期的研究受到弗洛伊德的影响。阿德勒也将教育视为个人心理发展的核心，但他的重点在于儿童的社会化。

> 人类生存所需的高度合作和社会文化，需要自发的社会努力，而教育的主要目的就是唤起这种努力。
>
> ——阿尔弗雷德·阿德勒

阿德勒的**个体心理学**基于这样一种观点，即婴幼儿经历了一种心理上的自卑和无助状态，只有通过先后发展与父母、家庭、学校和社会之间的社会联系，才能克服这种状态。他认为母亲的角色在此过程中至关重要，因此，他强调教育父母的重要性。他还认为对他人的理解是心理健康发展不可或缺的方面。

阿德勒的许多作品都强调人际关系中涉及的权力平衡。他是最早撰写有关社会关系中性别方面的文章的作者之一，他的思想与后来才发展起来的女权主义理论息息相关。他还提出了一些有关生育顺序或家庭地位对社会心理发展的影响的有趣观点。尽管这些观点因过于简单、未经实证研究，以及没有考虑到儿童发展的众多其他因素和影响而受到严厉批评，但是，这些观点突出了这样一个事实：在父母之外，儿童早期发展中的其他亲密关系也会产生影响。

出生顺序对儿童的影响（阿德勒）

出生顺序	影　　响
长子/长女	根据"长子/长女"的定义，儿童最初经历了一段家中只有自己一个孩子的阶段，能够获得父母的所有精力和注意。然而，这个特殊地位的失去以及不时需要照顾弟弟妹妹的责任带来的压力，可能导致他/她感到悲伤和不满。在最坏的情况下，阿德勒认为最年长的孩子最有可能遇到精神健康问题和/或偏离正轨从事犯罪行为。
次子/次女	根据阿德勒的说法，次子/次女是一生中最有可能成功的孩子，但可能会感到没有归属感或者不得不叛逆。
幺子/幺女	按照阿德勒的理论，最小的孩子一般在爱心、物质条件和关注充足的条件下成长。这可能导致过度夸大的自我、自私和缺乏对人际交往中相互交换的必要性的认识。这也可能导致表现不佳，并趋于无法发挥个人潜能。

人本主义心理学是庞大且不断发展的儿童心理学的重要一环。它提供了一种在整个人类历史和更广泛的背景下观察儿童成长的方式。它还直面道德和价值观问题,并促使心理学变得更加人性化。它认识到,尽管心理学家试图带着专业精神和客观性来应对复杂的心理问题,但心理学家首先是完人、复杂的人。马斯洛、罗杰斯和阿德勒为人本主义心理学贡献了一些最重要的思想。让我们通过将关键术语和观点构想与人名进行匹配来回顾本节。

关键术语和观点构想	心理学家
自我实现——人一生中的最高动力和需求。	马斯洛
自卑情结——所有婴儿的自然心理状态。	阿德勒
有条件的自我关注——个人的自我价值感取决于他人的期望和愿望。	罗杰斯
与每个人的生理、安全、爱、尊重和自我实现需要相关的需要层次。	马斯洛
体验式学习——由积极参与、主动学习的全人发起。	罗杰斯
同理心、接纳和一致性——所有心理上的理想的功能性关系的关键要素。	罗杰斯
个体心理学——个人的心理发展依赖并基于个人发展的社会背景。	阿德勒

其他重要理论

20. 社会心理学

社会心理学是对社会互动的科学研究。社会互动包括个人之间、团体或组织内甚至社会层面的互动,术语"人际互动"即适用于此类互动。社会心理学还探讨了这些互动对个人的真实或虚构的影响。人的思维、认知、情感和行为都是社会心理学家感兴趣的领域。社会心理学对理解儿童心理有很大帮助。

现代社会心理学受到很多理论的影响,如精神分析、行为主义、学习理论(如班杜拉的理论)以及动机理论[如下文提及的卡罗尔·德韦克(Carol Dwek)的理论]。

社会心理学的核心观点由心理学家库尔特·勒温(Kurt Lewin)提出,即人的行为受其自身特征和所经历的社会环境的影响。勒温提出了一个方程式来解释行为:

$$B=f(P \times S)$$

换句话说,行为(B)是人(P)及其所处情境(S)的函数(f)。勒温认为,人的行为是人与产生该行为的环境相互作用的结果。

案例研究

珍妮11岁了,刚上初中,是一个聪明、善于交际的孩子。开学第一天,她发现几乎所有新入学的孩子都有老学校的朋友或者在其他年级的兄弟姐妹。整整一周,珍妮都在孤独与落寞中度过,感觉自己又蠢又无能。虽然她需要去学习适应学校的布局和时间表,但是她觉得没法向别人寻求帮助,因为其他人也在忙着和朋友适应新学校。回到家中,珍妮的父母对她上中学感到很激动并且问了很多关于学校的问题,于是,一向表现良好的珍妮一直假装一切都很好。第二周开始了,珍妮由于整个周末都没有吃好睡好感觉非常糟糕,她人生中第一次拒绝去学校。

试一试

珍妮是一个极端的例子,还有许多其他细节可以探索。想想看,你会如何使用勒温的方程式去理解珍妮的行为呢?

填写下表中的B、P和S列,最后完成f列。

B (珍妮的行为)	f (珍妮行为背后的原因)	P (珍妮的个人特质)	S (情境)

下面是两个非常著名的探索社会认知和态度的社会心理学实验。

首先是所罗门·阿希(Solomon Asch)实施的一项有关社会影响的研究。在阿希的实验中,五名学生被告知他们正在参加关于感知的研究,并被展示一张卡片,上面画了三段不同长度的线(A、B和C),以及另一张只有一段线的卡片(E)。学生被要求从第一张卡片的三段线中选出与第二张卡片上的线长度相同的那一个。唯一的真正被试X所不知道的是,该组的所有其他成员都是实验的一部分,并且已经准备好选择一个明显错误的答案C。尽管X可以看出A是正确答案，但是在看到所有其他小组成员都选了 C 后，他也选择了 C。这项研究说明了**社会从众行为**的影响，这是理解群体和重要他人对个体的影响的关键。

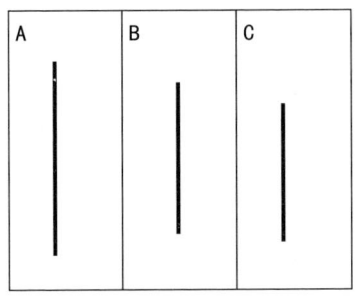 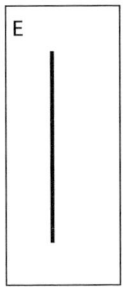

阿希的研究是理解处在社会情境中的人的重要研究，对于理解在学校中花费大量时间的儿童和青少年尤其有意义。教师会利用群体从众效应管理学生，然而我们必须提出一个问题：这种群体从众是否凌驾于个人选择和良知？欺凌行为的研究反复证明，那种"强势"角色会领导同伴群体，并在心理层面对个人（无论是受害者还是旁观者）施加压力，而不管这些人的想法和是非观。还有许多其他例子能说明群体影响力，或者用社会心理学的术语来说，即日常生活中的**社会规范**。它们可能包括各种社会刻板印象，如与性别、种族、年龄、残疾、阶级有关的固有印象。现代许多教育实践都致力于应对通过各种方式（如新闻媒体、电视、广告）传递的社会规范的巨大影响。

> **实用小贴士**
>
> 在与你的孩子一起观看儿童电视节目的过程中，记下所有可能挑战你的信念和观念的事，换句话说，那些为你的孩子提供错误榜样的例子。例如，节目中可能出现一个充满刻板印象的人物，或者出现包含不适行为的情境。你也可以留意节目中是否还有一些其他角色或故事情节去补充或者解释这些不适情境，使得节目更适合孩子观看。你能否与孩子谈论节目、解释你的想法并了解他们对此的理解？如果孩子正在与其他孩子一起看这个节目，如在学校里，你希望教师会说些什么？

另一个著名的社会心理学实验是斯坦利·米尔格拉姆（Stanley Milgram）进行的探索权威影响的实验。在一系列实验中，被试 Y 被要求协助研究人员，在另一个被试回答错误时，施加程度从轻微到强烈的电击。Y 所不知道的是，"另一个被试"其实是个演员，并没有受到任何实际的电击。研究结果表明，Y和其他被试甚至愿意对"另一个被试"施加强烈的，甚至致命程度的电击。这项研究表明，对他人的权威和角色（研究人员）的感知如何导致人们遵循指示并做出他们平时不会做的事。最初，米尔格拉姆的工作受到了广泛的质疑。他表示：

> 让我永远感到惊讶的是，当我在全国各地的大学介绍服从实验时，我对面的年轻人震惊于实验对象的行为，并宣称他们永远不会以这种方式行事。但是在几个月后，他们加入军队并且毫无愧色地做出了让电击被试都显得微不足道的残忍行径。

随着时间的流逝，这项研究在其他背景下得到了发展和重现，如著名的"津巴多实验"。这是美国斯坦福大学社会心理学家菲利普·津巴多（Philip Zimbardo）实施的一项研究，着眼于扮演狱警或囚犯对人产生的心理影响。这项研究在大学校园内的模拟监狱中进行，由于给参与者带来了难以忍受的痛苦，该研究在六周后不得不中止。与米尔格拉姆最初的研究结果一样，个人的惯常行为和对他人的同情迅速减少，取而代之的是对他人的残酷和不人道的行为。

实用小贴士

下次你带孩子看医生、牙医或验光师时,请注意孩子的举止并与其平时的行为进行比较。例如,他们是否愿意坐住不动,遵循指示,保持安静。这是一种特定角色的合法权威,孩子通常能够理解这种角色带来的权威。各种社会互动和情况都涉及规则、权威和服从。你如何看待你的孩子对此的理解?

有时,孩子会收到有关权威人士的混淆信息。例如,如果他们听到父母或照料者轻蔑地谈论他们的教师,或者批评教师的工作,这会降低教师在孩子眼中的地位,并可能导致他们在学校的依从性降低,甚至会反抗。另一个例子可能是与孩子亲密的祖父母或亲戚允许孩子做一些不允许在家做的事,如晚点上床睡觉、看电视或以不被父母允许的方式使用电脑。更糟糕的是,这些人可能会表达自己的观点,认为父母的规定不合适,这都将导致孩子对父母的抚养方式进行更多的反抗。在理想的世界中,父母、亲戚、教师和所有与孩子有关的成年人会互相交流,并就孩子行为的界限达成一致,通力合作,捍卫这种对孩子发展至关重要的成年人的权威。

与他人对个体行为的影响有关的另一个重要理论是社会心理学家卡罗尔·德威克的**动机理论**。该理论着重于学生学业上有关成败的**归因**。在动机理论中,学生被归类为"固定智商派"和"未开发潜力派"。具有"固定智商"归因类型的学生认为,他们具有一定的固定和天生的学习能力,自己要么能够轻松地完成学业并取得成功,要么会浪费时间尝试提高学习效率。具有这种信念的学生可能会宣称:"我不擅长法语、科学、数学或其他学科,我最好放弃。"另一方面,具有"未开发潜力"归因类型的学生在他们的学习中更具有建设性和积极性。如果成功了,他们就将其归功于勤奋学习和能力;如果失败了,他们则会认为这是一个让自己能够更聪明更努力的机会,进而寻求帮助,尝试不同的学习方式并寻求学习反馈。

在现实生活中,学生会使用不同的归因类型,大约一半倾向于"固定智商派",另一半倾向于"未开发潜力派"。在学习过程中遇到特别具有挑战性的情况时(如换学校或重大考试),学生的归因方式或对他们学业成败的看法会更容易体现出来。成年人可以在很大程度上改变学生对自身的看法,并积极帮助学生规划、参与、评估和调整学习习惯。许多学校也提供学习支持或学习技能课程。在这些课程中,学生可以得到有针对性的帮助以发掘未开发的潜力并最有效地学习。

试一试

回想你在学生时代考试失利的情况。你能回忆一下自己对失败原因的看法吗?在现在看来,你认为当时什么是有帮助的?有没有重要的成年人,如父母、亲戚、亲朋好友或教师,对你有所帮助?如果是,他们说了什么,做了什么?

社会心理学领域还有许多有趣的理论,其中大多数与儿童和青少年相关[尤其是态度形成、期望效应(皮格马利翁效应)、自我概念、群体发展、群体动力学和人际吸引]。我们强烈建议继续阅读相关的文献。

重要知识点

社会心理学的核心观点

- 社会心理学是对社会互动的科学研究,其中可能包括个人之间、群体或组织内甚至社会层面的互动,以及这些互动对个人的真实或虚构的影响。

- B=f(P×S)是勒温的著名方程式,它解释了人的行为是人与其所处情境相互作用的结果。
- 社会从众和社会规范等概念源自关于群体对个人态度和行为的影响的研究,如阿希的线长实验。
- 社会互动和社会情境受规则支配,与此相关的是,处于特定角色的个体拥有执行某些行为并令他人服从的合法权威。
- 动机理论是有关学生对其学业成就的归因的理论,可用于帮助年轻人乐观且现实地看待他们的发展能力。

21. 生态系统理论

美国心理学家乌列·布朗芬布伦纳（Urie Bronfenbrenner）的研究强调环境影响对儿童成长的重要性。他认为只有在儿童成长的自然环境中（如家庭、托儿所、学校和社区）开展研究才有意义。他还认为，在把儿童与父母分开的情境下评估父母的养育行为是没有意义的。他认为儿童的发展从本质上讲是一个主动而动态的过程，在这个过程中，所有参与的个体相互影响，并随时间的推移，以及与周围环境的关系发生变化。

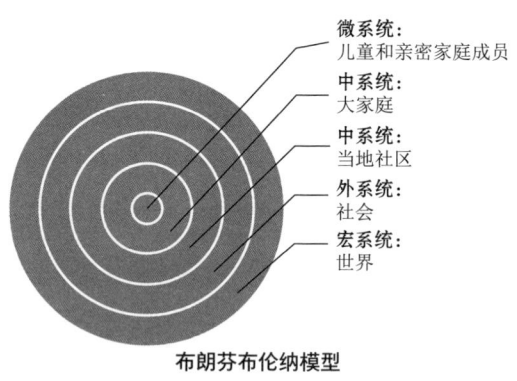

布朗芬布伦纳模型

在布朗芬布伦纳的模型中，儿童和亲密家庭成员（微系统）被放置在四个主要系统的中心：大家庭（中系统）、当地社区（中系统）、社会（外系统）和世界（宏系统）。在此模型中，各系统以俄罗斯套娃的方式呈现，即每个较小的系统都被较大的系统包含。

这种思考儿童发展的方式意味着要考虑大量因素的影响，所有因素都在某种程度上影响其他因素。以下是一些日常生活中的例子，描述了这些因素及其影响。

每个儿童都具有很多特征，如生理特征、情绪倾向、认知能力、性别、健康状况、年龄和总体发展水平。儿童的这些特征与亲密家庭成员一起构成了最密切的系统，称为"**微系统**"（microsystem）。例如，一个患有感觉障碍（如耳聋）的孩子"简"将以一种与具有正常听力的同龄儿童截然不同的方式体验世界。布朗芬布伦纳认为，简的经历会受到耳聋的影响，但是她的耳聋以及她与他人乃至世界的互动方式也会反过来影响其他人。简单说来，简的家人和她的教育者将要学习如何以非听觉的方式与她交流。简的学前和学校教育、工作和独立生活都会受到影响。

研究表明，儿童的微系统（亲密家庭成员）的质量将对儿童的发展产生深远影响。例如，借助家庭教育的关怀性和稳定性，儿童在社交技能和认知能力等方面的发展得到了增强。布朗芬布伦纳的工作阐明了早期发展经验和环境的重要性，并且促成了许多由政府资助的针对幼儿及其家庭的超大规模早期教育计划，如美国的"开端计划"和英国的"确保开端计划"。儿童成长的大家庭则被视为中系统的一部分。

随着儿童年龄的增长，他们对包括学校、社区和医疗服务机构在内的中系统的参与程度也在增加。父母了解为家庭找到合适的学校、医生和社区的重要性。学校的教学水平、纪律性、包容性和总体氛围都会影响孩子的教育质量。一位好医生将为儿童和家庭提供方便、有效的服务，从而解决健康上的顾虑，确保家庭的生活质量。邻里社区也是一个关键因素。如果没有可供儿童和家庭使用的公园或设施，或者当地的犯罪率很高，那么生活的幸福感自然会降低，遇到良好机遇的可能性也会受限。

案例研究

史蒂文（Steven）出生于20世纪60年代后期，居住在一个犯罪率、失业率和贫困率都很高的城市。在读中学之前，他的母亲从不敢让他在自己的视线以外活动。因此，他没有小时候在公园玩耍或独自去当地商店的记忆，总是被家人陪着上学。你认为史蒂文的整体发展会受到哪些方面的影响？与你的童年相比如何？

儿童获得的友谊以及健康方面的专业服务，实际上既属于中系统（mesosystem），也属于下一级的外系统（exosystem）。随着孩子长大和升学，他们可能会远离家庭的医院以及医务人员的帮助，他们的生活环境不断扩大，并受到其他因素的影响。外系统包括家族、朋友、邻居、法律、社会服务以及媒体。生活方式、他人和组织的信念与观点为儿童成长的世界增加了许多新的方面。

人们普遍认为，由于现代生活方式的变迁，人们在工作或从事休闲活动时缺乏与他人的直接接触，因此现今许多家庭与他人（如家人、朋友和亲戚）之间的联系不多。全天候多频道电视、互联网、社交网络、移动电话和计算机游戏等新媒体填补了过去用来与人交际的时间。参与这样的间接或虚拟的互动对每个人（尤其是儿童和青少年）都各有利弊。新媒体上很难有情感上的承诺和付出，也很难随着时间的流逝建立具有深厚情谊的关系。另一方面，在不同的生活环境中与许多不同的人打交道可能具有教育意义，并且可能使一个人对与自己截然不同的人有更多的了解，也变得更为宽容。

布朗芬布伦纳的最后一个系统，即宏系统（macrosystem）并不是那么具体，因为它代表了整个世界的态度、规则、理想和传统。与之前的系统一样，其他系统的某些方面与这个系统重叠。例如，当你考虑电视广播对儿童成长的影响时，你很可能想知道成年人行为的例子所传递给儿童的价值观。你可能会质疑计算机游戏中暴力行为的严重程度，或某些出版物和电视频道中女性被刻画的方式。所有这些例子都让儿童去了解成人世界的价值观、是非观、可接受的行为和生活方式以及其他核心观念。与其他更直接的系统（如家庭和当地社区）相比，儿童出生的宏系统更不容易被控制和影响，但是在为儿童成为独立的成年人作准备时，宏系统必须被考虑。归根结底，儿童自己对整个世界作出安全、明智的判断的能力受其个人经验和对父母行为的观察的影响。

试一试

虽然不同的父母能得到的有关教育的情感支持、指导、信息和实践支持的差异很大，但是感到被支持和关心的父母更有可能为他们的孩子做同样的事情。根据布朗芬布伦纳的模型，这种支持可以来自中系统（大家庭、当地社区）、外系统（包括健康在内的公共服务），甚至可能来自宏系统。考虑一下你自己的育儿支持来源，并根据布朗芬布伦纳的生态系统理论列出这些支持：

中系统	
外系统	
宏系统	

在很大程度上，我们所有人都共享当今世界的宏系统，新媒体的出现也意味着共享信息和理解也许比以往任何时候都更有可能。但是，不同文化中的微系统、中系统和外系统可能存在很大差异。在开篇，我们重点探讨了"何谓儿童"这个问题，并介绍了不同文化中的育儿行为和关于童年的观念。布朗芬布伦纳的生态系统理论提供了一种解读每个儿童成长的复杂社会和文化背景的方式。

重要知识点

生态系统理论的要点

- 儿童心理学的研究和应用应在儿童的自然环境中,即在家庭、托儿所、学校和社区中进行。

- 儿童成长的环境是他们获得学习和发展机会的关键。

- 许多环境或系统会影响儿童的成长:儿童的自身性格与亲密家庭成员(微系统)、大家庭和当地社区(中系统)、社会(外系统)、整个世界(宏系统)。

- 每种环境或系统都以不同且动态的方式相互影响。

- 随着儿童的成长,家庭在微系统和中系统层面的强大影响力会被在外系统和宏系统层面遇到的其他人补充。

儿童心理学的应用

22. 评估

如果请一名合格的心理学家为儿童或年轻人服务,他一定会从评估开始。有的时候,评估会成为服务的全部,并且评估得出的结果和建议将被与儿童有关的人(如父母或教师)使用。

评估提供的有用信息应有关儿童的学习、社交、情感和认知发展过程,以及儿童的生活和教育环境对上述过程的影响。评估可以采用多种形式,可以将其视为一项研究。所有研究都始于一个或多个问题。为儿童和青少年服务的心理学家遇到的典型问题可能是:

• 为什么我的孩子 / 这个学生的学习速度比同班大多数孩子慢?

• 我该如何支持我的孩子 / 这个学生的语言发展?

● 失去祖母对我的孩子／这个学生有什么影响，我该如何帮助他／她？

● 谁能帮助我的孩子在家庭和学校中变得更加独立和有责任心？

● 我的孩子／这个学生需要上特殊学校吗？

● 如何帮助我的孩子／这个学生在家里和／或学校表现得更好？

● 我的孩子有超常学习能力吗？如果有，他／她能如何得到帮助以发挥他们的潜力？

这份清单是无止境的，对每个儿童的评估都必须以能够反映儿童个性和背景的复杂性的方式进行。评估工作都应以一种能对孩子产生积极影响的方式回应上述问题。如最后一个问题所示，实施评估不一定出于"问题"。任何儿童或成年人都可能从心理学家的专业知识中受益，因为心理学家会以专业、客观、道德的方式使用他们的知识和技能去探索支持个人发展与学习的方法。

想一想

如果你要聘请一名心理学家给你的孩子做咨询，你希望

心理学家探索哪些问题？

尽管每一个评估均以个性化和具有创造性的方式进行，并考虑事情的复杂性，但这项工作的某些方面对于每个个案具有一致性。英国心理学会（British Psychological Society，BPS）的教育和儿童心理学分会（Division of Educational and Child Psychology，DECP）为心理学家制定了指导原则。该文件以及前文曾介绍的《英国心理学会的道德与行为守则》(*British Psychological Society's Code of the Ethics and Conduct*) 是英国专业心理学的标志，所有心理学家都有法定责任以符合此规范的方式开展工作。

我在整本书中始终强调理论的可变性，以及心理学家如何适应时代的潮流，谨慎而适当地选择理论，并以此为基础开展实践。英国心理学会的指导原则清楚地说明了对儿童和青少年进行心理评估的理论基础：

> 当前的评估模型需要反映出心理知识的主体，即强调儿童在学习和社交行为中与环境互动的性质。

实用小贴士

如果你在为开展心理工作选择合适的心理学理论,那么你要确保该理论符合你关于儿童学习的信念。请看下面为创建儿童心理学作出贡献的心理学家列表,表中总结了这些理论在多大程度上考虑了如下因素:

1. 儿童学习的动态性,即变化性、适应性和积极性。
2. 儿童学习的社会性以及他人的重要意义。
3. 儿童成长所处的特殊生活状况和环境。

关于儿童学习的重要理论	动态性	社会性	独特成长环境
凯利的个人建构理论	是	是	某种程度上是
弗洛伊德的精神分析理论	某种程度上是	是	是
班杜拉的社会学习理论	某种程度上是	是	偶尔
皮亚杰的理论	是	否	否
布朗芬布伦纳的生态系统理论	是	是	是

英国心理学会的心理评估(和干预)框架依照执业心理学工作者职业发展和道德实践的需求,强调许多要点:

（1）运用当前心理学理论和研究的重要性。

（2）选择公正、相关、灵敏度高的评估工具、方法和技术。

（3）考虑儿童的生活史和受教育状况等信息。

（4）父母和/或照料者的参与。

（5）告知对儿童未来的规划，强调儿童的长处和面临的挑战，以及尽可能多地考虑儿童自己的看法。

其他专业心理学机构也有类似的指导原则，你可以通过"参考源"中提供的机构名称找到有关这些指导原则的信息。

心理评估可以通过多种方式进行，包括访谈、咨询、观察、基于课程的评估、应用性（或功能性）行为分析（请参阅"斯金纳的操作性条件反射理论"）、心理测验、行为测验以及对社会和认知发展的评估。重要的是，心理学家选择的所有方式均应符合上述指导原则，在不会损害儿童整体健康的情况下按照父母或教师的最初请求进行研究。下面我们将解释其中一些方法。

访谈和咨询通常是对儿童或青少年进行心理评估的起点。在大多数情况下，某人（"来访者"，通常是父母或教师）遇到了他们希望解决的问题，因此获取尽可能多的关于他们的观点的信息至关重要。这些信息将帮助心理学家为所描述的问题选择最佳的方法去评估和解决。

心理学家的理论观点将决定他们开展首次访谈的方式。例如，如果心理学家主要基于精神分析原理，那么他提出的问题很可能是开放性的和高度自由的，并且旨在探究潜意识的层面（如来访者的感受）。一个简单的例子可能是："你能告诉我对这个问题有什么感觉，以及你认为孩子的感受如何吗？"罗杰斯的理论或人本主义理论非常重视心理学家／治疗师与来访者之间的联结，他们将尽一切努力确保来访者体验到共情、接纳和无条件的积极关注。在访谈过程中聆听来访者的想法对此至关重要。

想一想

如果你担心孩子，以下问题会让你有何感受？

- 是什么原因导致你预约了本次访谈？
- 请详细描述并列出问题的所有方面。
- 出了什么问题？
- 你希望通过这次评估得到什么样的结果？

一个主要使用行为主义理论的心理学家可能会采取非常结构化的方法来获得特定的信息，因此将使用更具指导性、更封闭的提问方式，例如：

A."是什么导致了这个问题？"或"这个行为问题涉及谁，在什么时间什么地点发生？"

B."描述引起你担忧的行为。"或"何地，何时，哪些人牵涉其中和/或受到影响？"

C."这个问题对牵涉其中的每个人有什么影响？"或"这种行为在何时何地影响谁？"

这种被称为"ABC"或"起因、行为和结果"的方法旨在识别出问题、导致问题的条件和情况及其后果，以便制定有效的干预措施。

尽管心理学家实际上会采用许多理论框架来实施访谈，但总体看来，精神分析和人本主义取向的心理学家会使用更多的开放性或非指导性问题，具有行为主义倾向的心理学家会使用结构性和指导性问题。

在评估开始之前，心理学家可能会要求你填写调查表。许多心理学家创建了自己的调查表和访谈时间表，市面上也有很多公开的范式。

作为一种心理评估的方式,观察儿童虽然可以获得大量信息,却很难做到。让心理学家参与观察的主要原因在于要尽可能获得清晰、准确、客观的观点。出于多种原因,在儿童的正常生活中(家庭和学前班或学校)观察儿童是很有意义的。第一,关于行为的准确而有意义的观点是在了解与这些环境有关的某些信息的情况下才能获得的。第二,任何建议在脱离生活实际的情况下都是不切实际、不可行的。第三,儿童在日常情境中被观察会表现得更加自然和舒适。

心理学家进行观察时,他们可以使用一张记有观察要点的清单,从而精确地对各个方面进行观察,他们也可以使用现成的观察清单范式。他们很可能会根据儿童在整个观察期间认知、情感、社交和身体发育的不同特征来做笔记。其他的重要事项可能包括语音、语言以及独立技能。全部或者其中的部分内容可能是需要特别关注的焦点。许多刚接受培训的心理学工作者都希望有一份涵盖所有可能情况的全面清单,但实际上,由于每次观察都具有不同的目的并且涉及独特的儿童和情况,因此不存在这样的清单。心理学工作者需要多年的专业实践和持续的专业发展才能展开彻底、系统的观察。

试一试

回想一下社会心理学中的一个重要观点:行为是人与人及其所有特征与环境之间相互作用的结果,即 $B = f(P \times S)$。这个实践练习旨在明确不同环境对塑造个人行为的重要性。

请在以下情况花几分钟时间观察孩子:在家看电视,玩玩具和家庭聚餐,在公园和商店里。依照以下标题作一些简短的说明:

- 情境:地点和活动(注明其他参与人员)。
- 社会行为:孩子如何对待他人。
- 情绪:显露的情绪。
- 身体行为:运动、协调、手部技能。
- 语言。

当你仔细阅读笔记时,可能会看到一些不同情境下的类似记录,也可能会看到一些非常不同的记录。心理学家以这种方式进行观察时,他们会密切关注这些异同点,并开始对如何影响儿童的行为和能力提出假设。然后,他们可以根据这些想法提出意见和建议。

心理测验和标准化测验是心理学家开展评估实践的重要

方面，但是它们的使用可能会引起争议。这些测验是在代表总体人口的基础上创建和试用的。心理测验的分数被分析和计算平均值。这些平均值被称为"测试常模"，通常根据特定年龄范围来计算。测试必须以非常一致和标准的方式进行，因此被称为"标准化"，其目的是使测量标准尽可能客观。这些测验有许多争议，原因包括：

（1）人与人之间，或者人的多次测验的分数没有太大差异，分数不能反映个体的复杂性。

（2）测验结果本身并不意味着可以采取某些切实可行的措施来改善儿童在家庭或学校的现实生活。换句话说，使用测验获得的信息的适用性可能会受到质疑。

（3）一项对标准化测验的主要批评是，测验可能存在文化上的偏差。例如，如果测验常模的样本仅包括在英国出生的以英语为第一语言的儿童，那么对以英语为第二语言的儿童实施测验，结果将是不公平的，因为它不会考虑儿童语言背景的差异。

（4）智力测验，即心理、认知和智商测验，旨在评估个人的学习能力，但是"智力"一词本身是有问题的（见下文）。

关于"智力"这一概念的文章有很多，传统和公认的标准经常将智力与学业成就联系起来,但是新的文章挑战了这一点。广义上讲,智力是一个人在特定情况下解决问题和使用知识的能力。传统的智力测验通常仅限于反映学业水平。美国教育心理学家霍华德·加德纳(Howard Gardner)提出了多元智力理论,他认为智力不仅包括学术智力,还包括与创造力有关的智力,即音乐、艺术、人际关系和情感能力。丹尼尔·戈尔曼(Daniel Goleman)是另一个情绪智力方面的关键人物。情绪智力是人感知、交流和建设性地使用情绪,敏感地觉察他人的情绪并熟练应对的能力。

传统的智力测验仅评估传统智力。想想你认识的三个最"聪明"的人。你的选择取决于你自身对智力的定义。如果思考一下为什么选择这个人,你会发现自己可能是基于多种不同类型的智力进行选择。

一些心理学家拒绝使用心理测验实施评估,但大多数心理学家认为,只要有选择地、谨慎地实施这些测验,并将其作为整体评估的一部分,这些测验会成为他们评估"工具包"的有效组成部分。在这种情况下,可以根据心理学家的临床经验、知识和判断来收集、分析、解释和使用各种信息。

重要知识点

关键点

- 评估是所有合格的心理学家在为儿童和青少年服务时的首要任务。

- 评估通常从一个或多个问题开始。

- 在英国,心理学家必须依据英国心理学会制定的道德和专业实践准则工作,并接受健康专业委员会的监管。其他国家也都有自己的监管系统和相关准则。

- 评估有多种方法,包括访谈、观察、使用已公开发表的测验和标准化测验(包括心理测验)。

- 心理测验存在许多问题:不能反映个体的复杂性,结果缺乏实际应用价值,可能存在文化偏见。它们也引发了对智力的定义的疑问。

23. 治疗工作

> ……从记忆中抽出根深蒂固的悲伤
> 消除大脑的烦恼
> 用甜美的解毒剂
> 去清洗困扰心脏的危险物质的残留物……
>
> ——威廉·莎士比亚,
> 《麦克白》(*Macbeth*)

人类是有情感的生物。我们的情感生活极为重要和复杂,并且可能令人难以理解。与情绪有关的问题没有解决手册,从儿童到成年人,我们有自己的人生旅程和需要克服的问题。对父母来说,这可能是一个令人生畏的认识,因为父母的情绪平衡和稳定能影响他们孩子的幸福和成长过程。儿童的情绪发育可能会出现问题,父母应该在需要时能够获得专业的治疗和帮助。

想一想

请看一下儿童和年轻人可能遇到的非常常见的问题的清单,并思考其中哪些可能会从治疗支持中受益。

- 学业差。
- 丧亲。
- 缺乏社会关系。
- 逃学。
- 兄弟姐妹的竞争。
- 自残。
- 欺凌。
- 节食过度。
- 暴饮暴食。
- 疲倦。
- 关于死亡、疾病和灾难的病态思想。
- 酒精滥用。

这个问题很简单,因为这些问题中的任何一个都有可能从某种疗法中受益。

判断情绪问题是否需要专业支持的关键在于:这个问题

在多大程度上干扰、影响甚至阻碍了儿童或年轻人的日常生活？有的时候，时间的流逝就可以减少一些困难，因为儿童和年轻人能不断发展、成长和适应社会。介绍毕生发展理论时，我们引用了埃里克森的话，即儿童不像"矮胖子"，他们有能力自我恢复。当然，使用治疗方法的专业人士的一个主要信念是：治疗也可以促进自我重建。

治疗师为儿童、年轻人或成年人工作的方法应遵循上一部分提及的原则。许多心理学家的确从事治疗性工作，但他们通常不称自己是"治疗师"。不是心理学家的其他专业人员也确实拥有"治疗师"这个头衔，并且其工作遵循其认证机构的专业指导。也有许多从事专业治疗的组织，如致力于认知行为疗法、焦点解决短期疗法和家庭疗法的组织（以下均有介绍），它们都有自己的培训系统和机构。你可以上网搜索你感兴趣的类型。

英国规模最大和最知名的治疗师组织是英国心理咨询与心理治疗协会（British Association for Counselling and Psychotherapy, BACP），其网站指出，协会的目的是"通过制定并监控标准，实现道德的有效心理治疗"。英国心理咨询与心理治疗协会的网站列出了治疗方法清单，以及其认可的从业人员和培训机构。本书的"参考源"中也列出了其他国家的一些同类机构。

以下是对一些治疗方法的简要说明,这些治疗方法尤其适用于儿童和年轻人,可以作为个体治疗或者家庭治疗的一部分,也可以在学校中应用。

认知行为疗法

认知行为疗法(cognitive behavioural therapy,CBT)可能是最著名的方法之一,据说在有效性方面有强有力的证据。亚伦·T.贝克(Aaron T. Beck)1976年写了一本关于认知疗法的书,那时行为主义理论正是精神疾病的主流治疗方法。认知疗法的基本思想是与个人协力改变他们的思维和学习方式,以提升他们的整体心理健康水平和幸福感。例如,患有抑郁症的人倾向于将注意集中在他们最悲伤和最消极的情绪状态上。如果可以帮助他们以不同的方式思考并更关注更快乐的观念和情绪,则可以使他们更多地以不同的方式看待事物和控制自己的情绪,从而逐渐改善情绪状态。

顾名思义,认知行为疗法结合了认知和行为观念以及策略。很多人都经历过那些醒来时会感到沮丧的日子,如果随后发生的许多事情进一步降低了他们的情绪,他们可能会陷入一种感到更糟的思维方式："这就是我的命——我一直有问题。""我只是一个悲惨而消极的人。""我身上没发生过什么好事。"用认知行为疗法术语，这种思维方式即**负面自动思维**或**思维误区**。思维误区通常涉及过度泛化的思维，仅在遭遇一次困难事件或情况时就得出结论，过分夸大，有全或无的思想，使用大量"应该""必须"等词语与自我进行内部的带有批评性质的对话。

如果有认知行为治疗师参与治疗，挑战这些观念是他们的首要任务。他们帮助人们提高对这些观念的自我觉察，然后评估它们的准确性和真实性。有很多方法可以做到这一点，其中最常用的技术之一就是让人们用日记记录自己的情绪状态，每小时一次，并按1到10对情绪进行评分，最好的情绪是1，最坏的情绪是10。人们通常会记录下一系列不同的情绪等级，然后治疗师可以让他们查看自己的最佳等级，弄清他们当时在做什么/在想什么、他们在哪里、有谁一起参与、他们的行为如何，等等。这是非常好的材料，可以为在更多的时间内感觉更好打下基础。

试一试

你可以用日记本（见第169页）记录至少一周，然后查看自己在哪些时间和情形下是最快乐的。

即使只记录一周的心情，你也可能会开始看出一些规律。例如，可能有一些活动和情境始终与你的最佳心情相关联。这凸显了你成为一个更加快乐、幸运、平衡的个体的潜力。它还显示了你应该做什么或多做些什么，以便更频繁地感受这种快乐，并在你感到沮丧时获得新的观点。

认知行为疗法背后的主要思想是，在帮助一个人提升心理健康时，必须考虑许多方面。这些方面最初是个人的思想、感觉和行为。自贝克在20世纪70年代的早期工作以来，两个新元素（生理和环境）被添加了进来。所有这些方面都会相互影响，如果一个方面发生变化，其他方面也会有所不同。人们可能在出生时面临类似的生物学和/或环境挑战，并且影响他们的一生，但不同个体受到的影响可能大不相同。认知行为疗法的工作原理是任何人都可能在一定程度上产生积极改变。可查看第169页的图以了解其工作原理。

	星期一	星期二	星期三	星期四	星期五	星期六	星期日
	情绪 行为 想法	情绪 行为 想法	情绪 行为 想法	情绪 行为 想法	情绪 行为 想法	情绪 行为 想法	情绪 行为 想法
起床— 10:00							
10:00— 12:00							
12:00— 15:00							
15:00— 18:00							
18:00— 21:00							
21:00— 睡前							

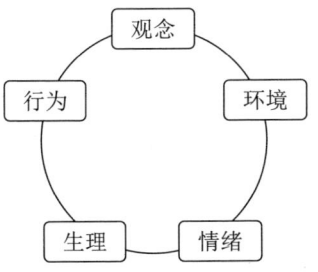

影响心理健康的因素：一个认知行为模型

在儿童和年轻人中使用认知行为疗法已开始获得一定热度。教育和临床心理学的培训课程已开始提供有关使用认知行为疗法的培训。我们已经在前面的章节里讨论过这样的观点，即很小的孩子也可以在他人的帮助下学习思考自我、行为和学习的新方法，如布鲁纳和维果茨基的工作，以及环境和人际关系的影响，如布朗芬布伦纳和温尼科特的工作。现代儿童心理学的许多理论都在认知行为疗法中相互促进和建立。

焦点解决短期疗法

焦点解决短期疗法（brief solution-focused therapy，BSFT）是由多种疗法结合发展起来的治疗方法，包括短期战略疗法和焦点解决疗法。精神分析理论和人本主义理论也为这个疗法作出了贡献。焦点解决短期疗法专注于利用一个人已有的技能、知识和经验，旨在通过设定并实现目标去帮助人们发展更好的生活和工作状态。与疗程较长的传统精神分析疗法不同，焦点解决短期疗法通常只需要几次治疗甚至单次治疗。而且，焦点解决短期疗法以解决问题为主旨，需要患者"按照要求做"，即发现什么样的方式有效就持续使用这种方式。

> **实用小贴士**
>
> 假设在上一次治疗中,你发现散步让你感到特别开心。焦点解决短期疗法治疗师会问你怎么做能督促你散步。你可能会说,有时间和理由去散步、与他人一起散步或者独自一人散步,又或许穿适合户外的服装和鞋子、去你喜欢的地方、戴上耳机听有声读物或音乐会有所帮助。
>
> 具体条件和资源因人而异,但是,如果你清楚它们可以为你所用,你就有可能取得突破,找到让你开心的方式,并为日常生活制定更好的策略。
>
> 想一想你作为父母,如何能将你与孩子相处的时间用来提升自己的幸福感?如果你能做到,也很有可能对孩子的情绪状态产生良好的影响。

焦点解决短期疗法的另一个重要观点是关注未来。这是治疗过程中必不可少的部分,因为除非你相信事情会有所不同,而且只要付出时间和精力就能变得有所不同,否则你就会被困于当下(或者过去,这更糟糕)。

实用小贴士

思考一下许多青少年父母的处境。许多青少年生活过得比较杂乱,这从他们卧室的状态就可以看出。那些对孩子的改变不抱任何希望的父母,在最坏的情况下,要么忙于清理混乱,在孩子身边忙前忙后,要么就让这种混乱积聚到威胁整体健康和安全的程度。

事实上,父母在这个典型问题上投入了大量心理和生理精力。关注未来的父母会使用一些策略,如奖励爱干净的行为,让青少年参与装饰自己的房间并选择家具和配件,并确保青少年拥有一些私密且不被打扰的空间。这个问题有很多创造性的解决方案,但只有在对未来充满希望的情况下才有实现的可能。

家庭疗法

包括社会工作者、教育官员和教师在内的许多专业人员都认识到在家庭中系统解决儿童问题的重要性。他们关注儿童,也具备关于家庭的知识,他们会利用家庭的优势与资源进行干预并提供支持。与本部分提到的其他疗法一样,**家庭**

疗法（family therapy）是一个高度专业的领域，一些重要人物为家庭疗法的发展和创新作出了贡献，如萨尔瓦多·米努欣（Salvador Minuchin）、约翰·鲍尔比和吉尔·戈雷尔-巴恩斯（Gill Gorrell-Barnes）。

有些有趣的理论总结了家庭成员之间的互动方式，以及支配这些互动的明暗规则、潜在的信念和归因。下面这个简单的例子反映了家庭的日常活动。

试一试

想想你平时的晚餐。思考一下这顿饭是如何计划、制作、食用和收拾餐食的。然后考虑谁参与其中，他们的角色和责任，以及用餐地点。想象你正在为这一切制定规则，然后将规则填入第174页的表格中。作为示例，表格的第一行已经完成。

家庭治疗师可能会探讨的领域包括沟通、家庭的权力动态、亲密关系、脱节感、家庭和家族的传统、冲突、失落和分离。所有流派治疗师的工作都很复杂且需要高水平技能、培训和支持，但是家庭治疗师的工作可能更难，因为有太多需要考虑的因素。

一般而言,家庭治疗将持续数月或更长时间。一个治疗师甚至一个治疗师团队都可能会参与进来。家庭治疗最初会致力于"描画"家庭构成,这通常是画家谱图(如下图所示)。这是一个单亲家庭的图谱,其中父母已离婚,父亲已去世,有两个孩子——姐姐和弟弟。年龄较大的兄弟姐妹通常位于左侧。

	人 物	行 为	地点	规 则
计划	爸爸妈妈	写购物清单,采购,整理厨房,了解有几个人吃饭	在家,在线上	爸爸擅长组织和管理钱财,占主导
准备				
吃饭				
收拾				

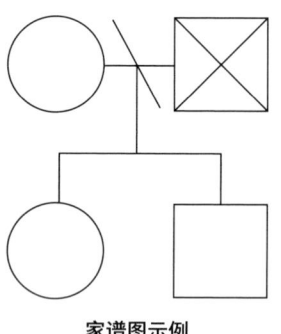

家谱图示例

试一试

你可以制作自己直系亲属的家谱图。女性以圆形表示，男性以正方形表示。父母在上面，孩子在下面。如果父母离婚了，就在他们之间画一条对角线。如果有亲人去世，就标记一个"叉"。

艺术疗法

艺术疗法（art therapy）是针对儿童的理想工作方式，因为它是一种大多数人都很喜欢的活动，可以使用多种材料，并且能当作一种游戏活动来体验。艺术治疗时创作的图画、绘画、拼贴画或模型通常非常生动。治疗师解释和介绍课程的方式将影响所制作艺术品的类型。有时，治疗不设框架，儿童可以产出任何他们想做的东西。其他时候，治疗师可能指定主题、提出问题或给出明确的指示。这实际上取决于治疗师的"解释性"，以及她/他能帮助儿童解释他们的创作的程度。

试一试

如果你的孩子处于婴幼儿阶段，请尝试给他们一张白纸和一支彩色蜡笔。在纸上画一条弯曲的线，让孩子把它变成某种东西。接下来给他们几种不同的彩色纸和一整罐彩色蜡笔,然后比较这两个练习的结果。这个活动将使你了解孩子的想象力、愿意尝试还是遵循说明、对使用色彩的喜爱度、绘画技巧、信心、专注力以及他们进行艺术活动的方式。

一些基于艺术的评估工具和方法可以被用来评估儿童的情绪发展。这些工具和方法通常使用儿童绘制的人物、家庭,或者诸如老鼠或猫之类的常见物体的图画,来判断儿童的情感发展阶段。这种评估在很大程度上取决于心理学家的临床经验和技能水平是否能让儿童在放松的状态下创作自己最具代表性的作品,而且运用了儿童发展的理论知识,如精神分析理论、依恋理论以及生态系统理论。

游戏疗法

模仿游戏是一项重要的资源,儿童通过模仿游戏可以迅速应对成长过程中的认知、情感和社会需求。

——杰罗姆·辛格(Jerome Singer)

游戏疗法（play therapy）的关键是儿童玩耍在成长过程中至关重要，因为儿童天生倾向在游戏中理解和克服心理上的困难。游戏疗法与各种心理学理论（尤其是与儿童发展有关的理论）的联系也很牢固。神经心理学研究发现，包括丧亲之痛在内的创伤对神经系统发育、健康和行为具有影响，而游戏疗法被视为化解创伤经历对儿童影响的一种方法。

实用小贴士

花一点时间来观察儿童的玩耍。他们的玩耍可能会带来以下好处：

• 身体发育——剧烈运动，如奔跑、攀爬和跳跃，或者小运动，如捡起小物体、使用积木和蜡笔等物件。

• 情绪或情感发展——他们在言语、肢体动作和行为中表现与表达了哪些情感？

• 社会发展——他们的言语和行为如何受到现实和假想中他人的影响？

• 认知发展——语言、解决问题的能力、学习能力。

你的观察结果可能会是一张长长的清单。你可以考虑一下这些问题，并反思如何使儿童的游戏变得更加丰富。

> 这里要提一个警告：不建议过度设计或组织儿童游戏。因为儿童将在学校教育中收获多年的结构性游戏和学习经验，所以家庭中的游戏应尽可能自然和自发地进行。

游戏疗法起源于北美，但是在过去的二三十年中，英国也越来越多地采用这种疗法并且开设了许多培训课程。英国游戏治疗师协会（British Association of Play Therapists）强调了治疗师与儿童之间的关系和为儿童提供安全的空间、一系列适当的游戏材料、支持康复的设施的重要性（"参考源"中列出了其他国家/地区的信息）。与艺术疗法一样，游戏疗法有很多种形式，包括从具有高度指导性、结构性的形式到更加自由的、儿童拥有高度选择权的形式。有些治疗师借助讲故事和木偶进行治疗。

游戏疗法与其他治疗方法一样，重要的是确保疗程的连续性和安全性。应考虑儿童的正常生活状况和环境从而确定他们是否将从游戏疗法中受益。例如，一个缺乏长期稳定的照料环境的儿童，可能无法持续地从治疗工作中受益。这也凸显了在对儿童和青少年进行干预时，与照料者保持紧密联系并合作的重要性。

重要知识点

利用儿童心理学开展治疗工作的要点

- 儿童的情绪发展可能会出现问题,如果这些问题阻碍了他们日常的生活、行为和/或学业,那么应该安排专业的治疗去帮助他们。

- 现今有多种治疗方法和相关组织。治疗方法包括认知行为疗法、焦点解决短期疗法、家庭疗法、艺术疗法和游戏疗法,这些都适用于儿童、青少年和家庭治疗。

- 主流专业机构的存在确保了安全、合乎道德和有效的专业治疗实践。

- 专业治疗的有效性源于与理论紧密联系。

- 对儿童和青少年的治疗应该让他们的照料人参与其中,并以与其家庭和生活状况相适应的方式进行。

24. 育儿和关怀

人们给家庭书写了文字，有些很具有智慧。在我看来，为创造游戏疗法作出贡献的美国人文主义心理学家弗吉尼亚·阿克斯林（Virginia Axline）的话很有意思。她认为养育孩子是一项复杂而艰巨的任务，并建议将父母看作两个强大而复杂的商业王朝，碰撞并产生一个新的、完全独特的产品——一个婴儿，他们这么做完全出于热情。这是一个有效的类比，因为它不仅突出了每对夫妇的经历、他们目前面临的挑战以及他们未来的希望和目标，还暗示了每对父母来自的大家庭和文化。此外，做父母（特别是初次做父母）就像是从事未经正式培训的工作，而每个人似乎都对这份工作持有自己的观点，并认为他们的观点是最好的。

英国心理学会在 2007 年发表了一份报告，介绍了教育心理学家如何与父母和照料人一起工作。他们在这份报告中描述了教育心理学家在与父母合作以促进儿童的最大利益方面的贡献。心理学家有时也是父母和育儿训练的倡导者或代言人。整份报告的基本原则是认为父母/照料人对孩子以及孩子的背景、生活、学习和文化状况有深入的了解,并且支持孩子的话语权。

一本关于儿童心理学的书,如果不认可家庭养育对儿童的学习、行为和情感发展的根本重要性,是不合理的。本书描述的每种理论和方法都隐含了这份重要性。在本部分,我将总结发展心理学家发现的有关有效育儿的知识。我将通过一些关于童年期挑战的虚构例子来阐述这一点。每一个例子均涉及本书已介绍的一些理论。

案例研究

贝瑟尼

12岁的贝瑟尼(Bethany)出生时患有先天性心脏病,因此她的父母尽全力保护她,给她安排了许多检查和住院治疗,并且确保她能及时完成错过的功课。显然,家庭生活的许多方面都受到了影响,许多事情都无法以常规的方式规划。贝瑟尼在大多数领域都取得了良好的发展,但她和弟弟汤姆(Tom)发生了很多冲突并影响了家庭生活。父母决定从贝瑟尼所在医院的临床心理学家那里获得一些建议和支持。心理学家先通过与父母和子女以及在贝瑟尼住院期间照顾汤姆的祖母交谈，运用**生态系统理论**评估家庭状况。然后，她基于**行为主义和动机理论**提出解决方案。在这个解决方案下，汤姆和贝瑟尼获得了各种奖励（包括实体奖励、社会奖励和自我奖励），从而不断进步。在与家人会面时，心理学家还使用了**家庭疗法**。家庭状况在心理学家的指导和父母的温馨教育（这也是家庭教育研究指出的关键）下得到了改善。

案例研究

约瑟夫

约瑟夫（Joseph）在 7 岁生日时被诊断为临床肥胖。约瑟夫是一个快乐的男孩，但是他因肥胖遭到了其他学生的取笑。约瑟夫开始假装肚子疼以逃避上学，这使得他的出勤率严重下降，以至于教育工作者不得不进行家访并请学校的心理咨询师对约瑟夫展开咨询。尽管很明显，约瑟夫的问题与他的体型有关，但是从未有人系统地探究过他饮食过量和缺乏体育锻炼的根本原因。因此，心理咨询师与学校工作人员进行了交谈，包括午餐时间的监管者、教师、家人、约瑟夫的医生和约瑟夫本人。她还在家中和学校对约瑟夫进行了观察与个人辅导。她基于**个人建构理论**去理解约瑟夫关于饮食和运动的建构(想法和信念)。她还进行了一些**认知评估**以确保他没有明显的学习困难。她发现约瑟夫和他的母亲对饮食有一些复杂的观念,这些观念与婴儿期的断奶问题有关(**心理动力学理论**)。弄清这一点之后,她便通过心理咨询为约瑟夫和他的母亲提供一些支持,并为整个班级设计了一个有关学校健康生活的计划。约瑟夫的母亲对约瑟夫的学习展现出的积极态度和热情也为情况的改善作出了贡献。研究表明,父母对教育的热情和积极态度对孩子的进步是非常重要的因素。

案例研究

莎 朗

在莎朗(Sharon)5岁时,她的弟弟/妹妹出生不久便夭折了。从很多方面来说,她都不明白妈妈为什么如此难过,因为她还无法理解丧亲之痛。但是,她在学校做游戏时的行为引起了很多关注。她在家里的角落和操场上独自玩耍,玩有关死去的婴儿的游戏,谈论木乃伊和垂死状态。直到莎朗的妈妈被教师叫来学校时,教师才明白发生了什么事情。教师运用**人本主义心理学**原理,为莎朗的母亲提供了一次公开谈论悲剧的机会。她还咨询了学校的心理咨询师，咨询师运用**生涯理论**为家庭提供了其他支持性意见，提出了莎朗可以理解和得到支持的方式。逐渐地，在各方支持下，在母亲具有智慧和连续性的育儿方式下，莎朗开悟了，并且这一切使得她的行为回到了常态。研究证实，智慧和连续性是理想的家庭教育的重要特质。

案例研究

布拉德利

布拉德利（Bradley）8岁了，他在阅读和写作上遇到了困难。他被确诊为学习困难，他的教师和特殊教育者协调一致为他提供了额外的学习支持，并将他列入了学校的特殊教育名单。学校为他做了不同的教学安排，并让他定期与护工会面，对他的学习进度进行了认真监测。因为他的情况没有好转，学校决定让他优先接受教育心理学家的咨询。这位心理学家在家庭和学校中开展了咨询，在课堂上观察了布拉德利，浏览了他的学业和学校记录，并根据**维果茨基理论、信息加工理论和神经心理学理论**对他进行了一些个人评估和动态评估。布拉德利被发现有特殊学习困难——阅读障碍，他的个人教育计划改为包含一些专业的有关阅读障碍的学习支持以及文字处理和计算机程序的使用。他不断取得更大的进步，并受到护工和学校教职人员的鼓励，他们认为这是他自己努力的结果（符合**动机理论**），也得益于学校的特殊安排。他的护工与他沟通良好，对他抱有很高的期望，这些都是有效育儿的标志。

> **重要知识点**
>
> **有关育儿研究发现的要点**
>
> 有效养育子女最重要的素质和态度包括：
>
> - 高期望。
> - 积极谈论教育。
> - 智慧。
> - 温暖。
> - 沟通能力。
> - 热情。
> - 稳定性/连续性。

25. 总结

> 幸福的家庭都是相似的，不幸的家庭各有各的不幸。
>
> ——列夫·托尔斯泰（Leo Tolstoy）

将"家庭"替换为"儿童"，托尔斯泰的这句话同样适用。写这本书去介绍庞大而复杂的儿童心理学是一项令人激动的挑战，但是与儿童、青少年或家庭一起开始一项新的工作更为令人激动。

你可以将本书作为一块垫脚石，它可以让你继续探索儿童心理学。我不能说已经穷举了所有的理论和学者，只能说这是一个起点。有一个心理学理论没有被提及，但是它很适合用来结束此书，那就是格式塔理论（Gestalt theory）。该理论认为学习、繁衍、奋斗、情绪态度、思维和行为等都必须从整体的层面考虑，考虑人的每个部分以及与其交互的每个情景。该理论也认为整体不是局部的相加。这也是为什么了解儿童发展的全貌非常重要。最后我将引用格式塔学派创始人弗里茨·珀尔斯（Fritz Perls）的一段话，虽然他的理论在当时并不流行，但是他的理论为其他理论以及研究方法作出了贡献：

> 我做我的事情，你做你的事情，
> 我生在这个世界上不是为了满足你的期望，
> 同样，你在这世上也不是为了满足我的期望，
> 你是你，我是我，
> 如果我们有幸找到彼此，那是美好的，
> 如果没有，那就罢了。

作为一名心理学家，我对上述话语并不完全赞同。你也许有自己的看法。我写这本书是源自这样的信念，即积极心理学能够提供寻找到彼此的途径，尤其在家庭教育中。我从自己作为教育心理学者的工作中，以及作为家长抚养 4 个孩子的经历中都体会到了这一点。我希望这本书的"格式塔"能够帮助你养育孩子。

参考源

Mind（Mind）

澳大利亚心理学会（Australian Psychological Society）

国际儿童和游戏疗法学会（International Society for Child and Play Therapy）

国际精神分析学会（International Association for Analytical Psychology）

加拿大心理学会（Canadian Psychological Association）

美国心理学会（American Psychological Association）

美国艺术治疗协会（American Art Therapy Organization）

南非心理学会（Psychological Society of South Africa）

欧洲心理学家协会联盟（European Federation of Psychologists' Associations）

新西兰心理学会（New Zealand Psychological Society）

英国国家儿童局（National Children's Bureau）

英国心理学会（British Psychological Society）

英国心理咨询与心理治疗协会（British Association for Counselling and Psychotherapy）

英国行为和认知心理治疗协会（British Association for Behavioural and Cognitive Psychotherapy）

英国艺术治疗协会（British Association of Art Therapy）

索 引*

ABC 方法 /ABC approach 174–175

B. F. 斯金纳 /B. F. Skinner 116–124

SMART 目标 /SMART targets 123

阿德勒的理论 /Adlerian theory 144–146

阿尔伯特·班杜拉 /Albert Bandura 125–132, 148, 171

阿尔弗雷德·阿德勒 /Alfred Adler 133, 144–147

埃里克·埃里克森 /Erik Erikson 5, 90–98, 183

艾伦·纽厄尔 /Allen Newell 60–61

艾伦·图灵 /Alan Turing 60

安娜·弗洛伊德 /Anna Freud 76, 77

保持 /retention 128–129, 130, 132

本杰明·斯伯克 /Benjamin Spock 2–3

毕生发展心理学 /lifespan psychology 90–98

标准化测验 /standardized tests 177–179

表象模式 /modes of representation 51–53

波波玩偶实验 /Bobo doll experiment 130–131

剥夺 /deprivation 117, 118, 121

不信任 /mistrust 92

布朗芬布伦纳的模型 /Bronfenbrenner's model 159–160

操作性条件 /operant conditioning

---

* 索引所附数字为英文版页码，现为中文版页边码。

116–124

程序性知识 /procedural knowledge 47, 49, 50

抽象化 /abstraction 104

出生顺序 /birth order 145–146

创伤 /trauma 84, 196–197

刺激 /stimulation 46, 54, 86, 114, 116, 118

刺激回应 /stimulus response 114

搭脚手架 /scaffolding 41–42, 44, 45

大理论 /grand theories 10

丹尼尔·戈尔曼 /Daniel Goleman 179

电击实验 /electric shocks experiment 153–154

动机 /motivation 128–130

动机理论 /motivation theory 156–157, 158, 202, 205

动态评估 /dynamic assessment 40–41

动物实验 /experiments involving animals 12, 112, 119

动作性表象 /enactive representation 51, 53, 56

短期战略疗法 /brief strategic therapy 189

对比极 /contrast pole 103

多萝西·伯灵厄姆 /Dorothy Burlingham 77

多元智力 /multiple intelligences 179

俄狄浦斯情结 /Oedipus complex 70, 73–74

访谈 /interviews 104, 172–175, 180

菲利达·萨尔蒙 /Phillida Salmon 101

菲利普·津巴多 /Philip Zimbardo 154

分离 /separation 82–85

分离焦虑 /separation anxiety 69

弗吉尼亚·阿克斯林 /Virginia Axline 200

弗里茨·珀尔斯 /Fritz Perls 207–208

弗洛伊德式错误 /Freudian slip 70

符号性表象 /symbolic representation

51–52, 53, 56

负面自动思维 /negative automatic thoughts   185

概括 /generalization   104

感知运动阶段 /sensorimotor stage   32, 33

肛门期 /anal stage   71

格式塔理论 /Gestalt theory   207–208

个人建构理论 /personal construct theory (PCT)   11, 99–110, 171, 203

个人建构系统 /personal construct system   102, 103, 110

个体心理学 /individual psychology   144, 147

个性特质 /individuality   45

攻击性行为 /aggressive behaviour   71, 131–132

固定智商派 /fixed IQ theorists   156

固着 /fixation   70

观察 /observation   27–28, 48, 55, 74, 175–177

观察学习 /observational learning   128

归因 /attributions   156, 158, 192

过渡性客体 /transition object   80, 81–82

汉普斯特德战争托儿所 /Hampstead War Nurseries   77

合法权威 /legitimate authority   154–155

赫伯特·西蒙 /Herbert Simon   60–61

宏系统 /macrosystem   160, 163–165, 166

怀疑 /doubt   92–93, 97

霍华德·加德纳 /Howard Gardner   179

积极的自我关注 /positive self-regard   140

家教 /parenting   103, 200–206

家谱图 /genogram   192–194

家庭地位 /family position   145–146

家庭治疗 /family therapy   184, 191–194, 199, 202

假设推理 /hypothetical reasoning   33

价值体系 /value systems 121

建构替代主义 /constructive alternativism 100, 109

奖励 reward 95, 117, 118, 119, 120, 122–124, 141, 191, 202

交互决定论 /reciprocal determinism 127, 132

焦点解决短期治疗 /brief solution-focused therapy (BSFT) 183, 189–191, 199

焦点解决疗法 /solution-focused therapy 189

教学机器 /teaching machine 116–117

阶段理论 /stage theory 32–33

接纳 /acceptance 138, 139, 147, 173

杰罗姆·布鲁纳 /Jerome Bruner 46, 47–53, 55–56, 188

津巴多实验 /Zimbardo study 154

经典条件反射 /classical conditioned reflex 114

精神分析 /psychoanalysis 14–15, 67, 72, 78

精神分析理论 /psychoanalytical theory 14–15, 67–82, 171

具体运算阶段 /concrete operational stage 30, 32, 33

卡尔·R. 罗杰斯 /Carl R. Rogers 133, 138–143, 147, 173

卡罗尔·德威克 /Carol Dwek 156–157

开端计划 /Headstart programme 9, 161

"可怕的 2 岁" / 'terrible twos' 81, 92–93

客体 /object 70, 78–82

客体关系学派 /object-relations school 78, 79

客体永久性 /object permanence 28

口唇期 /oral stage 71, 78

库尔特·勒温 /Kurt Lewin 148–150, 158

良心 /conscience 121

列夫·维果茨基 /Lev Vygotsky 37–45, 46, 47, 126, 188, 205

颅相学 /phrenology 64

罗杰斯的理论 /Rogerian theory 138–143, 173

罗马尼亚孤儿院 /Romanian orphanages 84–85

马斯洛的人类需要层次理论 / Maslow's hierarchy of human needs 133–137, 147

马文·明斯基 /Marvin Minsky 60–61

玛丽·安斯沃思 /Mary Ainsworth 78, 86–87

玛利亚·蒙台梭利 /Maria Montessori 31–32

梅兰妮·克莱因 /Melanie Klein 78–79

迷宫 /mazes 117

陌生情境测试 /strange situation test 86–87

母爱剥夺 /maternal deprivation 83

内疚（对主动）/guilt, initiative versus 94, 97

诺姆·乔姆斯基 /Noam Chomsky 46, 53–56

女权主义理论 /feminist theory 145

偏执-分裂样心态 /paranoid-schizoid position 78

评估 /assessment 40–41, 44, 58, 167–180, 185, 196, 202, 203, 205

期望效应 /expectancy effects 157

欺凌 /bullying 152, 182

"启发建构"练习 /'elicitation of constructs' exercise 103, 104

前运算阶段 /pre-operational stage 30–31, 33

强化 /reinforcement 60, 116, 128, 129, 130

乔治·凯利 /George Kelly 11, 99–110, 171

勤奋（对自卑）/industry, inferiority versus 95, 97

青春期 /adolescence stage 71, 95–96

情绪等级 /mood ratings 185

情绪智力 /emotional intelligence 179

权威 /authority 153–155, 158

确保开端计划 /Sure Start programme 9, 161

群体影响 /group influence 152

让·皮亚杰 /Jean Piaget 26–36, 37, 43, 46, 47, 101, 171

人本主义理论 /humanist theory 16–17, 133–147, 173, 204

人工智能系统 /artificial intelligence systems 60

人际吸引 /inter-personal attraction 157

人类需要金字塔 /pyramid of human needs 133–137, 147

认知测验 /cognitive tests 178

认知过程 /cognitive processing 46, 100, 109

认知理论 /cognitive theory 18–19, 26–66

认知疗法 /cognitive therapy 184

认知心理学 /cognitivist psychology 46–56, 57

认知行为疗法 /cognitive behavioural therapy (CBT) 184–188, 199

丧亲 /bereavement 182, 196, 204

山地实验 /mountain experiment 29

社会从众 /social conformity 151–152, 158

社会规范 /social norms 152, 158

社会文化理论 /socio-cultural theory 38, 205

社会心理学 /social psychology 14, 148–158, 176

社会学习理论（社会认知理论）/ social learning theory (social cognitive theory) 125–132, 171

神经心理学 /neuropsychology 24, 63–66, 121, 197, 205

生理术语 /physiological terms 113

生态系统理论 /ecological systems theory 20, 159–166, 171, 196, 202

生涯理论 /lifespan theory 90–98, 204

事实性知识 /factual knowledge 47

疏离行为 /detachment behaviour 84

双性恋 /bisexuality 74

顺应 /accommodation 35

思维误区 /thinking errors 185

斯金纳盒子 /Skinner boxes 117

斯坦利·米尔格拉姆 /Stanley Milgram 153-154

所罗门·阿希 /Solomon Asch 151-152, 158

态度形成 /attitude formation 157

探究式学习 /enquiry-based learning 29, 31

汤姆·拉文奈特 /Tom Ravenette 101, 104

唐纳德·温尼科特 /Donald Winnicott 78, 79-82, 88, 188

体验式学习 /experiential learning 142, 147

条件反射 /conditioned reflex 114

条件化 /conditioning 114, 118-124, 141

通用编码系统 /generic coding systems 49

通用语法 /universal grammar 54, 55, 56

同化 /assimilation 35

同理心 /empathy 138, 139, 140, 147

同一性（对同一性混乱）/identity, identity confusion versus 96, 97

投射 /projection 69

突现极 /emergent pole 103

外系统 /exosystem 160, 162-163, 164-165, 166

微系统 /microsystem 160-161, 165, 166

未开发潜力派 /untapped potential theorists 156

稳定性 /consistency 161, 204, 206

乌列·布朗芬布伦纳 /Urie Bronfenbrenner 159-166, 171, 188

无条件自我关注 /unconditional self-regard 141, 173

西格蒙德·弗洛伊德 /Sigmund Freud 67-76, 77, 78, 90, 101, 144, 171

先天/后天争论 /nature/nurture debate 9

想象中的孩子 /imaginary child 2, 13, 15, 17, 19

消退 /extinction　118

消退期 /extinction period　118

心理测验 /psychometric tests　172, 177–180

心理动力学理论 /psychodynamic theory　67–69, 203

心理治疗 /psychotherapy　65, 183

欣克尔的梯子 /Hinkle's Ladder　104–105

信念 /beliefs　16, 75, 102, 110, 121, 132, 154, 156, 162, 183, 192

信任 /trust　92, 97

信息加工理论 /information-processing theory　57–62, 65, 205

星星奖励表 /star charts　119–120, 122

行为矫正 /behaviour modification　121–123, 124

行为主义理论 /behaviourist theory　12–13, 111–132, 174, 184, 202

形式运算阶段 /formal operational stage　33

形象性表象 /iconic representation　51, 53, 56

性成熟 /sexual maturity　5

性器期 /genital stage　71

性心理发展 /psychosexual development　71, 101

羞耻 /shame　92–93, 97

需要层次理论 /hierarchy of human needs　133–137, 147

学习过程 /process of learning　27, 47, 156, 176

压抑 /repression　70

亚伯拉罕·马斯洛 /Abraham Maslow　133–136, 138, 146, 147

亚伦·T. 贝克 /Aaron T. Beck　184, 186

"野孩子"研究 /'feral children' studies　34

一致性 /congruence　139, 140, 147, 169

伊万·巴甫洛夫 /Ivan Pavlov　113–114, 116

依恋关系 /attachment relationship　85

依恋类型 /attachment types 86–87

依恋理论 /attachment theory 77–89, 196

艺术治疗 /art therapy 195–196

抑郁 /depression 78, 184

抑郁样心态 /depressive position 78–79

英国心理学会 /British Psychological Society (BPS) 23–24, 169–172, 180, 200–201

英国心理咨询与心理治疗协会 /British Association for Counselling and Psychotherapy (BACP) 183–184

英国游戏治疗师协会 /British Association of Play Therapists 198

婴儿期 /infancy stage 14, 91–92, 97, 203

应用心理学实践 /applied psychology practice 22–25

应用行为分析 /applied behavioural analysis (ABA) 122, 124

游戏空间 /play space 88

游戏疗法 /play therapy 196–198

有条件的积极关注 /conditional positive regard 141

与活动相关的知识 /activity-related knowledge 46

语言习得支持系统 /language acquisition support system 55–56

语言习得装置 /language acquisition device 54–56

语言知识 /linguistic knowledge 53

育儿方式 /child-rearing practices 6–8

约翰·B. 华生 /John B. Watson 111–112, 116

约翰·鲍尔比 /John Bowlby 77, 82–85, 191

约翰·塞尔 /John Searle 60–61

运算阶段 /operational stage 30–33

照料 /caring 4, 5, 7, 56, 79, 84, 87, 200–206

治疗工作 /therapeutic work 77, 99, 181–199

治疗组织 /therapy organizations 183

智力 /intelligence 47, 53, 64, 178–179

智力测验 /IQ tests 178–179

中系统 /mesosystem 160, 161–162, 164–165, 166

主动（对内疚）/initiative, guilt versus 94, 97

注意 /attention 128

自卑（对勤奋）/inferiority, industry versus 95, 97

自卑情结 /inferiority complex 147

自我关注 /self-regard 140–141, 147

自我管理 /self-management 123

自我强化 /self-reinforcement 129

自我实现 /self-actualization 133–137, 138, 147

自言自语 /private speech 43

自由联想 /free association 69

自主 /autonomy 92, 97

自尊 /self-esteem 17, 134, 137, 141–142

足够好的母亲 /good enough mother 80–81

最近发展区 /zone of proximal development (ZPD) 39–42, 44

作为科学家的人 /man as scientist 104

图书在版编目(CIP)数据

何谓儿童?:儿童心理学实用指南/(英)凯伦·卡伦著;蔡天颖译.— 上海:上海教育出版社,2025.7.—(实用心理指南).— ISBN 978-7-5720-3295-0

I.B844.1-49

中国国家版本馆CIP数据核字第2025X67S31号

INTRODUCING CHILD PSYCHOLOGY: UNDERSTAND YOUR KIDS AND ENJOY PARENTING By DR KAIREN CULLEN
Copyright © 2011 Kairen Cullen

This edition arranged with ICON BOOKS LTD c/o The Marsh Agency Ltd. through BIG APPLE AGENCY, LABUAN, MALAYSIA.
Simplified Chinese edition copyright:
2025 Shanghai Educational Publishing House Co., Ltd.
All rights reserved.

责任编辑　王佳悦
封面设计　周　吉

实用心理指南
何谓儿童?——儿童心理学实用指南
[英]凯伦·卡伦　著
蔡天颖　译

出版发行	上海教育出版社有限公司
官　　网	www.seph.com.cn
地　　址	上海市闵行区号景路159弄C座
邮　　编	201101
印　　刷	上海展强印刷有限公司
开　　本	787×1092　1/32　印张 6.625
字　　数	105千字
版　　次	2025年7月第1版
印　　次	2025年7月第1次印刷
书　　号	ISBN 978-7-5720-3295-0/B·0084
定　　价	59.00元

如发现质量问题,读者可向本社调换　电话:021-64373213